藏装结构与工艺基础

（活页式）

主　编　次仁顿珠　翁定莉
副主编　曹婷婷　洛桑扎西　米玛次仁　扎西罗布　李俊威　次仁罗宗
参　编　张　华　次仁边久

西南交通大学出版社
·成　都·

图书在版编目（CIP）数据

藏装结构与工艺基础 / 次仁顿珠，翁定莉主编. 成都：西南交通大学出版社，2024. 8. -- ISBN 978-7-5643-9859-0

Ⅰ. TS941.742.814

中国国家版本馆 CIP 数据核字第 2024K4S149 号

Zangzhuang Jiegou yu Gongyi Jichu

藏装结构与工艺基础

主　编 / 次仁顿珠　翁定莉

策划编辑 / 李芳芳
责任编辑 / 周媛媛
封面设计 / 米玛次仁

西南交通大学出版社出版发行
（四川省成都市金牛区二环路北一段 111 号西南交通大学创新大厦 21 楼　610031）
营销部电话：028-87600564　　028-87600533
网址：http://www.xnjdcbs.com
印刷：四川玖艺呈现印刷有限公司

成品尺寸　185 mm × 260 mm
印张　5　　字数　105 千
版次　2024 年 8 月第 1 版　　印次　2024 年 8 月第 1 次

书号　ISBN 978-7-5643-9859-0
定价　28.00 元

课件咨询电话：028-81435775

PREFACE 前言

历史悠久的中华五十六个民族之一的藏族，因其特有的地域及民族习性，在雪域高原上形成了独具一格的民族文化。而提到藏族，在人们脑海中浮现的是穿着鲜艳藏袍、手捧洁白哈达的藏族人民，一个民族区别于其他的民族最主要的特点之一就是服饰。藏族服装具有悠久的历史，对藏族服饰的研究有利于促进、加深对藏民族服饰文化的发展。据史料考证，早在公元前 11 世纪前后，藏族服饰可能就已具备现代藏族服饰的基本特征了。后来由于居住在西藏各地的部、族的互相交往以及其他因素的影响，藏族服饰又在历史长河中不断演变、发展，进而更丰富了，目前传统藏装的款式超过 200 种。

藏装的基本特点是大衣里面还要穿襟、右衽和衬衣。腰襟肥大，袖子宽长，衣领、襟边、袖口、下摆等处多以细毛皮、氆氇或色布镶边。白天劳动时脱掉一袖或双袖，左右盘扎于腰间，袍内穿一件长袖衬衣。男子束腰带时，一般将袍子下摆提至膝盖；女子束腰带时，一般将袍子上提少许，使下摆遮住踝关节。男女藏装的具体式样各地区各有特色。

藏装也因地域、海拔、牧区、农区等原因形成不同的风格。比如位于西藏自治区西部高寒地带的阿里地区，以神秘、高贵为特色，盛行羔皮袍，该袍以锦缎、绸缎制作。其中尤以普兰妇女服饰最为独特，其模仿孔雀的特点而制成“孔雀”服饰式样：头戴“町玛”（棕蓝色彩线氆氇圆筒帽），以珊瑚、珍珠等串成长约 10 厘米的长耳坠，以帽和耳坠象征孔雀的头冠；背部披白山羊皮“改巴”（披单），上镶带圆形花纹的粗氆氇条，以此象征孔雀背部；“改巴”周边镶嵌绿松石等宝石及彩色氆氇，是为孔雀的两翼；“改巴”底部开为三叉，象征孔雀的尾羽。

多康地区传统藏族服装予人以雍容、华贵之感，以锦缎、绸缎、羊皮袄为主要制作材料，大气而粗犷，最具特色的是头、颈、耳、手等处佩戴的金、银、象牙、珊瑚、玛瑙、玉石等首饰，腰间挂藏刀、火镰、钱包、鼻烟壶、针线盒等生活用具，这些物品既是他们赖以生存的用具，也是他们财富的体现，既方便实用，又富有装饰效果，整套装束豪气凛然，尽显雄壮豪放的民族性格。羊皮袍大多是光皮的，有的在袖口、衣襟、下摆等处缝制黑平绒的镶边；有的在羊皮袍上还缝制红、蓝、绿三色绒条作为装饰，还挂起串串项链和金银饰品。头发梳理成多股小辫，戴上缀满绿松石、贝壳、银币等的锦缎或氆氇等制作的长披。

卫藏地区的装束以严整、规范、简约著称，材料以氆氇、织锦、绸缎、棉麻、纱、真丝、皮草等为主，相对其他区域，更以典雅、朴实实用为特点。夏季以织锦布、真丝等制作“曲吧”，里面穿藏式衬衫，妇女腰间围各色羊绒或真丝织成的彩色“帮典”。冬季女穿黑色氆氇，男穿白色氆氇，外皆搭羔皮长袖外套，头戴“杨夏帽”次仁金裹，脚穿“笄吧”。装饰品有珍珠、珊瑚、绿松石等制成的“巴珠”冠及各种耳坠、项链、戒指，较为讲究的女人头戴“人”字形的珍珠巴珠和珍珠冠。在卫藏地区还有一个地方的服装也独具一格，“贡布”区的林芝、米林、工布江达、朗县这几个地区的藏装，与卫藏服装有较大不同，男子不穿“曲巴”而穿一种无袖套袍，藏语称“谷秀”。上方开一圆洞，脑袋从这里伸出，腰间紧系腰带，两手从左右伸展。“谷秀”多用黑、棕色氆氇缝制。有一种名叫“甲果纳”的四不像动物，其皮毛呈火红色，是缝制“谷秀”的上品。此外，古时，熊皮、狼皮、猴皮、水獭皮、鬣羚皮也常被用来装饰服饰。“工布”男人戴的帽子有点像士兵的“船形帽”，它用氆氇缝制，帽檐镶有锦缎。他们节日的穿着也是很讲究的，“谷秀”用银色缎子滚边，领口、腰身镶上金丝缎图案。脚蹬皮底氆氇帮的“嘎罗”靴，色彩鲜艳。腰系银片装饰的腰带，前面斜插腰刀，左侧插箭，右侧挂弓，既是砍柴、狩猎的需要，也是一种表现男子孔武有力的配饰。工布女子也穿“谷秀”，下摆拖到脚边，“谷秀”边上往往镶金丝花边，或者镶上一寸左右宽的皮毛装饰。她们的帽子也形似“船形帽”，不过帽檐剪成燕尾形，既美观又别具一格。

本书主要以卫藏区域山南市的民族服装为主线，以传统结构和现代工艺结合的模式展开。本书主要在传统民族服装技艺传承的基础上，结合现代服装的教学模式及科学的运算，加上信息化运算模式来整合资源，形成一套较为完整的现代化藏装的结构、工艺、图文、视频等融为一体的教学书本。本教材突出实用性，基本满足本地区学生学习藏装结构工艺的课程要求。

本书由次仁顿珠、翁定莉主编，曹婷婷、洛桑扎西、米玛次仁、扎西罗布、李俊威、次仁罗宗为副主编，张华、次仁边久为参编，吾金坚参为企业顾问，由次仁顿珠负责统稿。

编　者

2024 年 2 月

CONTENTS

目 录

模块一 藏装相关专业名词藏汉语及图文对照

知识目标

1. 了解服装中的专业术语、工具、布料名称及其含义。
2. 掌握藏语中专业名词用汉语翻译过来的含义，并能熟练转换。
3. 掌握各类工具的专业名称和藏语的对照表。
4. 掌握各种布料的性能及主要用途。
5. 掌握服装各部位的名称。

能力目标

1. 具备一定的审美与艺术素养。
2. 具备用藏汉语转换的思维能力和与人沟通的能力。
3. 具备敏锐的观察能力和识记能力。

素质目标

培养传承中华优秀传统文化的思想自觉和行动自觉。

课前探究

中华各民族在漫漫历史长河里相互交流交融，创造了灿烂的中华文化。藏民族文化是中华文化的重要组成部分，而藏民族服装服饰承载着传承千年的藏民族独特文化，具有独特魅力与价值。继承和发扬藏民族服装服饰文化是传承中华传统文化、提升文化自信的重要举措，是爱国情怀和使命担当的具体体现，是提升综合国力、实现中华民族伟大复兴的伟大征程上不可或缺的重要一环。

思考：结合专业思考如何传承中华优秀传统文化？

表 1-1　专业术语类名词藏汉语对照表

ཐ་སྙད་	名词	ཐ་སྙད་	名词
ལན་འཚེམ་	定缝	ལྷག་འཚེམ་	后缝
མདུན་འཚེམ་	前缝	ཕར་ཚེན་	刺绣
ལྷག་སྒྲོར་	接缝	མུ་ཏིག་འཚེམ་བུ།	珍珠缝
འོག་ཡིན་འཚེམ་བུ་﹝སྦུན་འཚེམ་﹞	暗缝	ཆེ་ཆུང་།	尺寸
ཐིག་རྒྱག་པ་	划缝	འཚེམ་ཚད་	缝份（缝）
འཚེམ་	缝	བྲེག	剪
རྟགས་རྒྱག་པ་	标记	མ་དཔེ་	样本
པར་དབྱིབས་བྲིས་	打版	རིང་ཚད་	长度
མཐུག་ཚད་	厚度	ཞེང་ཚད་	宽度
ཐུ་ལོ་ཁ་མ་﹝ཁ་ཐུང་།﹞	右衽	ཟིན་འབྲིང་།	掐襟
ཐུ་ལོ་ནང་མ་﹝འོག་ཐུང་།﹞	右衽里	གཞར་འཚེམ་བརྒྱབ་	定位缝
སྐེ་	颈	དཔུང་	肩
སྐེད་པ་	腰	གྲུ་མོ་﹝ཚིགས་﹞	肘
པུས་མོ་	膝	བྲང་།	胸
མཇིང་ཚིགས་	颈椎	རྐུབ་	臀
རྐང་ཚིགས་	脚踝	ལྟེ་བ་	肚脐
		ལག་མགོ་	手腕

表 1-2　工具类名词藏汉语及图文对照表

མིང་	名称	图片	མིང་	名称	图片
ཁབ་	针		སྐུད་པ་	线	
ཇམ་ཙེ་	剪刀		སྦུང་བུ་	锥子	

续表

མིང་	名称	图片	མིང་	名称	图片
མཛུབ་གདན་（ཛོ་མོ་）	顶针		ཐིག་ཤིང་།	尺子	
འཁོར་འཚེམ་	缝纫机		བརྡར་རྡོ་	磨刀石	
དབུར་ཏི་	熨斗		གཞོག་གྲི་	削刀	
ཁབ་ཤུབས་	针线包		མཐའ་འཚེམ་འཁོར་ལོ་	锁边机	
མ་དཔེའི་སྟེགས་བུ་	人台		འོག་འཚེམ་འཁོར་ལོ་	暗缝机	
གསོན་དཔེ་	模特		ས་སྨྱུག	粉笔（画粉）	
རས་	布料		ཤོག་བུ་	纸	
འབྱར་ཅི་རྒྱན་（འབྱར་ཤོག་）	粘合衬		ཀོ་ཤོག	牛皮纸	
ནང་འཕང་	梭心		འཕང་ཤུབ་	梭壳	
སྒྲོག་གུ་（ཐེབ་ཆི་）	扣子		འཐེན་སྒྲོག་（ཆོར་）	拉链	
གྲོབ་	暗扣				

表 1-3　布料名称汉藏语及图文对照表

མིང་	名称	图片	མིང་	名称	图片
ཀྲུར་མ་	条绒		ཚོན་རིས་ཀྱི་སྣམ་བུ་	条纹氆氇	
འབུ་རས་	棉麻		འགོ་སྣམ་	呢子	
རས་ཧྲིར་པར་	帆布		གསེང་རས་	纱布	
དར་གོས་	绸缎		གོས་ཆེན་	锦缎	
སྣམ་བུ་	氆氇		ཕྱིང་རས་	毡子	
ཤད་མ་	精品氆氇	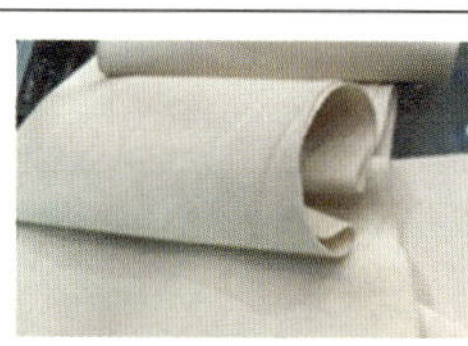	སྲིང་།	棉	
སོ་མ་	麻		ངལ་རྩོལ་རས་	牛仔布	
ཁུ་ལུའི་རས་	羊绒布				

表 1-4　服装部位及名称汉藏语对照表

མིང་	名称	མིང་	名称
གོང་བ་	领子	ཕུ་ཐུང་།	袖子
ཨམ་ཕྲག	口袋	ཕག་ཁ་༼ཨམ་ཕག་༽	门襟
ཐེབ་ལུང་༼མགོ་ལུང་༽	扣眼（裤盼）	ཕུ་ཐུང་ཙེ་	袖口
དོར་ཁ་	裤脚	དོར་ཧྲ་	裆门
སྟོད་གོས་	衣服	སྐ་རགས་	腰带
དོར་མ་	裤子	ཞྭ་མོ་	帽子
ནང་གོས།	内衣	ལྷམ་	鞋子
ཁ་གོན་༼ཕྱི་ལྭ་༽	外套	ལྷམ་ཡུ་རིང་།	靴子
ནང་འཛམ་༼ཀྱུ་རས་༽	内裤	ལྷམ་སྒྲོག་	鞋带
སྟོད་ཐུང་ཕུ་མེད་༼སློ་ཁེབ་༽	马甲	པང་གདན་	围裙
དཔུང་ཁེབས།	披肩	སྨད་གཡོགས་	裙子
ཕྱུ་པ།	袍子		

拓展任务

1. 和同学一起用藏汉语交流，能准确说出各专业术语在藏语和汉语中的意思。

2. 角色扮演：一名学生扮演制作藏装的师傅，一名学生扮演顾客，请用藏语和汉语分别为顾客量体并完成顾客对定制服装的需求登记。如：身高体重、号型、各部位的数据、对服装布料的要求和衣服的要求等。

模块二 结构制图常识和规格

知识目标

1. 了解服装号型系列的定义、体型分类、号型标志、号型系列。
2. 能给人体体型分类并确定其对应的服装号型。
3. 认识服装成品规格设计的尺寸来源。
4. 能用软尺测量服装成品尺寸。

能力目标

1. 具备一定的审美与艺术素养。
2. 具备用藏汉语转换的思维能力和与人沟通的能力。
3. 具备敏锐的观察能力和识记能力。

素质目标

精益求精，学好本专业的基本要求，感受工匠精神。

课前探究

想要成为一名优秀的服装服饰工匠，需要具备哪些条件呢?

首先，需要热心、细心、耐心。想要在服装服饰专业领域有所成就，必须要从心底热爱这门专业；设计制作过程中有些细节可能会影响整体设计和制作效果，所以仔细认真是学好本专业的关键；学会辩证看待学习过程中遇到的困难，不能因为困难失去持之以恒的学习动力。其次，需要文化课与专业课并行，理论学习与实践操作相结合。文化基础是学习专业和自我发展的重要前提，扎实的理论基础与实践操作相结合才能不断提升技能水平。再次，创新是引领发展的第一动力。要善于将优秀的传统文化同现代社会发展相结合，敢于创新、善于创新，这样才能为专业发展创造最大的发展空间。此外，还有养成职业道德等其他要求。

思考：为什么说创新是引领发展的第一动力?

一、服装制图线条及用途

在画服装结构图时，经常会用到各类线条来表达制图的内容，制图中的每个线条都具有自己的名称及用途。（见表 2-1）

表 2-1　制图线条及用途

名称	符号	粗细	用　途
粗实线		0.9 mm	服装和零部件轮廓线
细实线		0.3 mm	基准线、辅助线
虚线		0.6 mm	裁片重叠时轮廓的影示线
点画线		0.6 mm	对称时的对折线
双点画线		0.3 mm	翻折线

二、服装制图符号

制图符号是在制图过程中，为了服装纸样的统一、标准、规范，便于后期识别和避免发生错误而制定的标记。（见表 2-2）

表 2-2　服装制图符号

序号	符号名称	符号图形	用途
1	顺向号		衣料有倒毛、顺毛情况或有花图案，应标顺向用料符号
2	径向号		衣片、部件的经纱方向
3	等分号		表示等分某段距离和部位
4	等长号		表示线段长度相等
5	等量号		两个以上的部位距离相等
6	省道线		局部收拢、缝进的省缝
7	裥位线	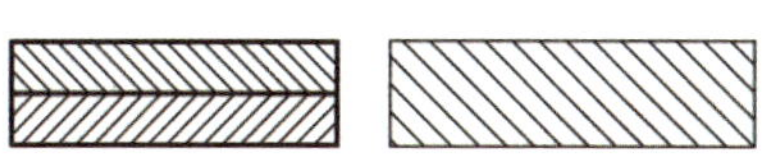	表示某部位做有规律性的折叠

续表

序号	符号名称	符号图形	用途
8	直角号		两线相交应保持90°直角或者相对直角
9	连接号		两个部位拼接相连在一起
10	明线号		缉明线的标记
11	间距号		表示两点之间的距离
12	重叠号	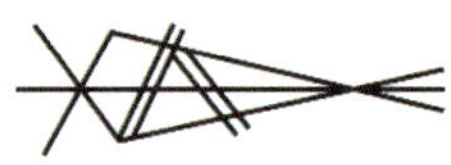	两个衣片、部件重叠在一起
13	归宿号		该部位需要进行熨烫收缩
14	拉伸号		该部位需要进行熨烫拉伸
15	眼位		扣眼的位置
16	扣位		钉纽扣的位置
17	拉链号	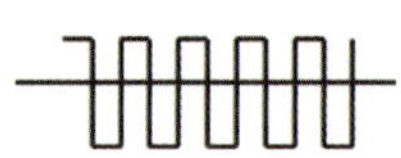	装拉链的位置

三、服装部位代号

在服装结构设计过程中，为了结构的清晰和书写的方便，往往需要用简洁的字符来表示各部位的含义，其中部位的代号就是最重要的字符之一。通常部位字符用英文名字的首写字母（两个字母组合）代替表示。（见表 2-3）

表 2-3　服装部位字符代号

序号	中文	英文	代号
1	领围	Neck Girth	N
2	胸围	Bust Girth	B
3	腰围	Waist Girth	W
4	臀围	Hip Girth	H
5	领围线	Neck Line	NL
6	上胸围线	Chest Line	CL
7	胸围线	Bust Line	BL
8	下胸围线	Under Bust Line	UBL
9	腰围线	Waist Line	WL
10	中臀围线	Middle Hip Line	MHL
11	臀围线	Hip Line	HL
12	肘线	Elbow Line	EL
13	膝盖线	Knee Line	KL
14	胸点	Bust Point	BP
15	颈肩点	Side Neck Point	SNP
16	颈前点	Front Neck Point	FNP
17	颈后点	Back Neck Point	BNP
18	肩端点	Shoulder Point	SP
19	袖窿	Arm Hole	AH
20	长度	Length	L

四、成衣的测量和尺寸

1. 号型定义

服装的号与型是服装规格长短与肥瘦的标志，是根据正常人的体型规律和使用需要选用的最具有代表性的部位经过合理归纳设置的。

“号”指人体的高度，是指服装长短的依据。“型”指人体的围度，是设计服装肥瘦的依据。

2. 体型的分类

国家标准以人体的胸腰差的大小为依据，把人体划分成 Y、A、B、C 四种体型。（见表 2-4）

表 2-4 体型分类数据

体型分类代号	男体：胸腰差（单位：cm）	女体：胸腰差（单位：cm）
Y	22 ~ 17	24 ~ 19
A	16 ~ 12	18 ~ 14
B	11 ~ 7	13 ~ 9
C	6 ~ 2	8 ~ 4

3. 放松量

由于人体运动、呼吸、体表伸缩、皮肤堆积等，服装必须有一定的余量，这全余量就是放松量，成衣的放松量除了要考虑以上人体的几个因素外，还要考虑服装的季节、内外层次、面料质地、流行倾向等因素。

（一）基本概念

松量值包含空隙量、总放松量、追加松量和加放松量。四者含义均有不同。

1. 空隙量

空隙量是指服装与人体的空间距离。人体形态变化较为缓慢，可以视为恒量。因此，在研究服装造型变化时，各部位空隙量的大小就成为控制服装造型的基本手段。

2. 总放松量

总放松量是指服装成品围度尺寸与净体围度尺寸的差数。

3. 追加松量

追加松量表示在原型裁剪法中，上衣纸样除了限定的 10 cm 胸围松量之外，又另外加放的胸围松量，其大小根据款式造型的需要而定。加松量应按一定的比例分配给各裁片。

4. 加放松量

加放松量表示在原型裁剪法中，在原型的长度或宽度部位处加放的尺寸，如在小肩线端点加放的尺寸、在领口中点加放的尺寸等。加放量的应用部位有胸、背宽、肩宽、袖窿深、领口、衣长、袖长等。

（二）服装放松量的计算

1. 空隙量的设计

空隙量可分为基本空隙量和装饰性空隙量两种。

基本空隙量属于功能性空隙量，用以保证人体呼吸自由、活动方便、透气保暖等基本的生理需求。基本空隙量的数值：上体胸围需要 1.5 cm 左右，下体臀围需要 1 cm 左右。它们是塑造合体服装的基本空隙量。

若想塑造半松体、松体服装还需要再加放装饰性空隙量。装饰性空隙量没有限值，可以根据需要选择。

此外，在确定空隙量时还要考虑到内衣服装的厚度（简称内衣厚度）。

综上所述，服装空隙量的公式为：服装空隙量 = 基本空隙量+内衣厚度+装饰性空隙量

在使用基本空隙量设计紧体、半紧体服装时，可以适当减少 0.5 cm 左右。例如：女礼服、旗袍等款式可选择 1 ~ 1.3 cm 为胸围基本空隙量；弹力衫则选择 0.5 cm 左右为胸围基本空隙量。

表 2-5 至表 2-9 为部分男女装各部位放松量参考范围，数值以“cm”为单位。

表 2-5　裤子放松量参考范围

男女	贴 体 型	较 贴 体 型	适 体 型	较 宽 松 型	宽 松 型
男　裤	4 ~ 6	6 ~ 10	10 ~ 14	14 ~ 18	18 以上
女　裤	0 ~ 2	2 ~ 6	6 ~ 10	10 ~ 14	14 以上

表 2-6　女性裙装臀围放松量参考范围

贴 体 型	较 贴 体 型	适 体 型
0 ~ 4	4 ~ 6	6 ~ 8

表 2-7　男装胸围松量参考范围

贴体风格	较贴体风格	较宽松风格	宽松风格
0 ~ 2	12 ~ 18	18 ~ 25	25 以上

注：① 考虑内穿服装的厚度，同样风格的上装，春秋季应另加松量 2 ~ 4 cm，秋冬季应另加松量 4 ~ 6 cm。

② 同样风格的上装，男装松量要比女装松量大 4 ~ 6 cm。

表 2-8　女装胸围松量参考范围

款式名称	春夏季		春秋季		秋冬季	
	普通料	弹力针织料	普通料	弹力针织料	普通料	弹力针织料
紧　身	4 ~ 6	2 ~ 4	6 ~ 8	5 ~ 7	8 ~ 10	6 ~ 8
合　身	6 ~ 8	4 ~ 6	10 ~ 12	8 ~ 10	12 ~ 14	10 ~ 12
较宽松	10 ~ 14	8 ~ 14	14 ~ 18	12 ~ 16	16 ~ 20	14 ~ 18
宽　松	16 ~ 20		20 ~ 24		22 ~ 30	

表 2-9　女性上装基型胸围放松量参考表（符合目前趋势）

服装品种	胸围松量
针织布基型	−8～0
无袖基型	2～4
紧身衬衫、旗袍基型	6
合体衬衫、旗袍基型	8
紧身夹克、外套基型	10
合体套装、外套基型（春夏）	12
合体套装、外套基型（秋冬）	14
合体风衣、大衣基型（秋）	16
合体风衣、大衣基型（冬）	18
松身大衣、名套基型（南方）	20～22
松身大衣、名套基型（北方）	22～24
宽松外套基型	24～36

2. 服装号型标准

服装控制部位指数是指对服装造型影响较大的几个人体主要部位的净体尺寸的依据。如上装中的衣长、胸围、袖长、颈围，下装中的裤长、臀围、腰围等这些控制部位的数值上加上不同的放松量就是服装的规格。不同服装造型各部位数值规格参见表 2-10～表 2-22。

表 2-10　男子 5.4/5.2Y 号型系列控制部位数值

部位	数值													
身高	155		160		165		170		175		180		185	
颈椎点高	133		137		141		145		149		153		157	
坐姿颈椎点高	60.5		62.5		64.5		66.5		68.5		70.5		72.5	
全臂长	51		52.5		54		55.5		57		58.5		60	
腰节高	94		97		100		103		106		109		112	
胸围	76		80		84		88		92		96		100	
颈围	33.4		34.4		35.4		36.4		37.4		38.4		39.4	
总肩宽	40.4		41.6		42.8		44		45.2		46.4		47.6	
腰围	56	58	60	62	64	66	68	70	72	74	76	78	80	82
臀围	78.8	80.4	82	83.6	85.2	86.8	88.4	90	91.6	93.2	94.8	96.4	98	99.6

表 2-11　男子 5.4/5.2A 号型系列控制部位数

<table>
<tr><td>部位</td><td colspan="24">数值</td></tr>
<tr><td>身高</td><td colspan="3">155</td><td colspan="3">160</td><td colspan="3">165</td><td colspan="3">170</td><td colspan="3">175</td><td colspan="3">180</td><td colspan="3">185</td><td colspan="3">190</td></tr>
<tr><td>颈椎点高</td><td colspan="3">133</td><td colspan="3">137</td><td colspan="3">141</td><td colspan="3">145</td><td colspan="3">149</td><td colspan="3">153</td><td colspan="3">157</td><td colspan="3">161</td></tr>
<tr><td>坐姿颈椎点高</td><td colspan="3">60.5</td><td colspan="3">62.5</td><td colspan="3">64.5</td><td colspan="3">66.5</td><td colspan="3">68.5</td><td colspan="3">70.5</td><td colspan="3">72.5</td><td colspan="3">74.5</td></tr>
<tr><td>全臂长</td><td colspan="3">51</td><td colspan="3">52.5</td><td colspan="3">54</td><td colspan="3">55.5</td><td colspan="3">57</td><td colspan="3">58.5</td><td colspan="3">60</td><td colspan="3">61.5</td></tr>
<tr><td>腰节高</td><td colspan="3">93.5</td><td colspan="3">96.5</td><td colspan="3">99.5</td><td colspan="3">102.5</td><td colspan="3">105.5</td><td colspan="3">108.5</td><td colspan="3">111.5</td><td colspan="3">114.5</td></tr>
<tr><td>胸围</td><td colspan="3">72</td><td colspan="3">76</td><td colspan="3">80</td><td colspan="3">84</td><td colspan="3">88</td><td colspan="3">92</td><td colspan="3">96</td><td colspan="3">100</td></tr>
<tr><td>颈围</td><td colspan="3">32.8</td><td colspan="3">33.8</td><td colspan="3">34.8</td><td colspan="3">35.8</td><td colspan="3">36.8</td><td colspan="3">37.8</td><td colspan="3">38.8</td><td colspan="3">39.8</td></tr>
<tr><td>总肩宽</td><td colspan="3">38.8</td><td colspan="3">40</td><td colspan="3">41.2</td><td colspan="3">42.4</td><td colspan="3">43.6</td><td colspan="3">44.8</td><td colspan="3">46</td><td colspan="3">47.2</td></tr>
<tr><td>腰围</td><td>56</td><td>58</td><td>60</td><td>60</td><td>62</td><td>64</td><td>64</td><td>66</td><td>68</td><td>68</td><td>70</td><td>72</td><td>72</td><td>74</td><td>76</td><td>76</td><td>78</td><td>80</td><td>80</td><td>82</td><td>84</td><td>84</td><td>86</td><td>88</td></tr>
<tr><td>臀围</td><td>75.6</td><td>77.2</td><td>78.8</td><td>78.8</td><td>80.4</td><td>82</td><td>82</td><td>83.6</td><td>85.2</td><td>85.2</td><td>86.8</td><td>88.4</td><td>88.4</td><td>90</td><td>91.6</td><td>91.6</td><td>93.2</td><td>94.8</td><td>94.8</td><td>96.4</td><td>98</td><td>98</td><td>99.6</td><td>101.2</td></tr>
</table>

表 2-12　男子 5.4/5.2B 号型系列控制部位数值

<table>
<tr><td>部位</td><td colspan="20">数值</td></tr>
<tr><td>身高</td><td colspan="3">150</td><td colspan="3">155</td><td colspan="3">160</td><td colspan="3">165</td><td colspan="3">170</td><td colspan="3">175</td><td colspan="2">180</td></tr>
<tr><td>颈椎点高</td><td colspan="3">129.5</td><td colspan="3">133.5</td><td colspan="3">137.5</td><td colspan="3">141.5</td><td colspan="3">145.5</td><td colspan="3">149.5</td><td colspan="2">153.5</td></tr>
<tr><td>坐姿颈椎点高</td><td colspan="3">59</td><td colspan="3">61</td><td colspan="3">63</td><td colspan="3">65</td><td colspan="3">67</td><td colspan="3">69</td><td colspan="2">70</td></tr>
<tr><td>全臂长</td><td colspan="3">49.5</td><td colspan="3">51</td><td colspan="3">52.5</td><td colspan="3">54</td><td colspan="3">55.5</td><td colspan="3">57</td><td colspan="2">58.5</td></tr>
<tr><td>腰节高</td><td colspan="3">90</td><td colspan="3">93</td><td colspan="3">96</td><td colspan="3">99</td><td colspan="3">102</td><td colspan="3">105</td><td colspan="2">108</td></tr>
<tr><td>胸围</td><td colspan="2">72</td><td colspan="2">76</td><td colspan="2">80</td><td colspan="2">84</td><td colspan="2">88</td><td colspan="2">92</td><td colspan="2">96</td><td colspan="2">100</td><td colspan="2">104</td><td colspan="2">108</td></tr>
<tr><td>颈围</td><td colspan="2">33.2</td><td colspan="2">34.2</td><td colspan="2">35.2</td><td colspan="2">36.2</td><td colspan="2">37.2</td><td colspan="2">38.2</td><td colspan="2">39.2</td><td colspan="2">40.2</td><td colspan="2">41.2</td><td colspan="2">42.2</td></tr>
<tr><td>总肩宽</td><td colspan="2">38.4</td><td colspan="2">39.6</td><td colspan="2">40.8</td><td colspan="2">42</td><td colspan="2">43.2</td><td colspan="2">44.4</td><td colspan="2">45.6</td><td colspan="2">46.8</td><td colspan="2">48</td><td colspan="2">49.2</td></tr>
<tr><td>腰围</td><td>62</td><td>64</td><td>66</td><td>68</td><td>70</td><td>72</td><td>74</td><td>76</td><td>78</td><td>80</td><td>82</td><td>84</td><td>86</td><td>88</td><td>90</td><td>92</td><td>94</td><td>96</td><td>98</td><td>100</td></tr>
<tr><td>臀围</td><td>79.6</td><td>81</td><td>82.4</td><td>83.8</td><td>85.2</td><td>86.6</td><td>88</td><td>89.4</td><td>90.8</td><td>92.2</td><td>93.6</td><td>95</td><td>96.4</td><td>97.8</td><td>99.2</td><td>100.6</td><td>102</td><td>103.4</td><td>104.8</td><td>106.2</td></tr>
</table>

表 2-13　男子 5.4/5.2C 号型系列控制部位数值

<table>
<tr><td>部位</td><td colspan="20">数值</td></tr>
<tr><td>身高</td><td colspan="3">150</td><td colspan="3">155</td><td colspan="3">160</td><td colspan="3">165</td><td colspan="3">170</td><td colspan="3">175</td><td colspan="2">180</td></tr>
<tr><td>颈椎点高</td><td colspan="3">130</td><td colspan="3">134</td><td colspan="3">138</td><td colspan="3">142</td><td colspan="3">146</td><td colspan="3">150</td><td colspan="2">154</td></tr>
<tr><td>坐姿颈椎点高</td><td colspan="3">59</td><td colspan="3">61</td><td colspan="3">63</td><td colspan="3">65</td><td colspan="3">67</td><td colspan="3">69</td><td colspan="2">70</td></tr>
<tr><td>全臂长</td><td colspan="3">49.5</td><td colspan="3">51</td><td colspan="3">52.5</td><td colspan="3">54</td><td colspan="3">55.5</td><td colspan="3">57</td><td colspan="2">58.5</td></tr>
<tr><td>腰节高</td><td colspan="3">90</td><td colspan="3">93</td><td colspan="3">96</td><td colspan="3">99</td><td colspan="3">102</td><td colspan="3">105</td><td colspan="2">108</td></tr>
<tr><td>胸围</td><td colspan="2">76</td><td colspan="2">80</td><td colspan="2">84</td><td colspan="2">88</td><td colspan="2">92</td><td colspan="2">96</td><td colspan="2">100</td><td colspan="2">104</td><td colspan="2">108</td><td colspan="2">112</td></tr>
<tr><td>颈围</td><td colspan="2">34.6</td><td colspan="2">35.6</td><td colspan="2">36.6</td><td colspan="2">37.6</td><td colspan="2">38.6</td><td colspan="2">39.6</td><td colspan="2">40.6</td><td colspan="2">41.6</td><td colspan="2">42.6</td><td colspan="2">43.6</td></tr>
<tr><td>总肩宽</td><td colspan="2">39.2</td><td colspan="2">40.4</td><td colspan="2">41.6</td><td colspan="2">42.8</td><td colspan="2">44</td><td colspan="2">45.2</td><td colspan="2">46.4</td><td colspan="2">47.6</td><td colspan="2">48.8</td><td colspan="2">50</td></tr>
<tr><td>腰围</td><td>70</td><td>72</td><td>74</td><td>76</td><td>78</td><td>80</td><td>82</td><td>84</td><td>86</td><td>88</td><td>90</td><td>92</td><td>94</td><td>96</td><td>98</td><td>100</td><td>102</td><td>104</td><td>106</td><td>108</td></tr>
<tr><td>臀围</td><td>81.6</td><td>83</td><td>84.4</td><td>85.8</td><td>87.2</td><td>88.6</td><td>90</td><td>91.4</td><td>92.8</td><td>94.2</td><td>95.6</td><td>97</td><td>98.4</td><td>99.8</td><td>101.2</td><td>102.6</td><td>104</td><td>105.4</td><td>106.8</td><td>108.2</td></tr>
</table>

表 2-14　女子 5.4/5.2Y 号型系列控制部位数值

<table>
<tr><td>部位</td><td colspan="14">数值</td></tr>
<tr><td>身高</td><td colspan="2">145</td><td colspan="2">150</td><td colspan="2">155</td><td colspan="2">160</td><td colspan="2">165</td><td colspan="2">170</td><td colspan="2">175</td></tr>
<tr><td>颈椎点高</td><td colspan="2">124</td><td colspan="2">128</td><td colspan="2">132</td><td colspan="2">136</td><td colspan="2">140</td><td colspan="2">144</td><td colspan="2">148</td></tr>
<tr><td>坐姿颈椎点高</td><td colspan="2">56.5</td><td colspan="2">58.5</td><td colspan="2">60.5</td><td colspan="2">62.5</td><td colspan="2">64.5</td><td colspan="2">66.5</td><td colspan="2">68.5</td></tr>
<tr><td>全臂长</td><td colspan="2">46</td><td colspan="2">47.5</td><td colspan="2">49</td><td colspan="2">50.5</td><td colspan="2">52</td><td colspan="2">53.5</td><td colspan="2">55</td></tr>
<tr><td>腰节高</td><td colspan="2">89</td><td colspan="2">92</td><td colspan="2">95</td><td colspan="2">98</td><td colspan="2">101</td><td colspan="2">104</td><td colspan="2">107</td></tr>
<tr><td>胸围</td><td colspan="2">72</td><td colspan="2">76</td><td colspan="2">80</td><td colspan="2">84</td><td colspan="2">88</td><td colspan="2">92</td><td colspan="2">96</td></tr>
<tr><td>颈围</td><td colspan="2">31</td><td colspan="2">31.8</td><td colspan="2">32.6</td><td colspan="2">33.4</td><td colspan="2">34.2</td><td colspan="2">35</td><td colspan="2">35.8</td></tr>
<tr><td>总肩宽</td><td colspan="2">37</td><td colspan="2">38</td><td colspan="2">39</td><td colspan="2">40</td><td colspan="2">41</td><td colspan="2">42</td><td colspan="2">43</td></tr>
<tr><td>腰围</td><td>50</td><td>52</td><td>54</td><td>56</td><td>58</td><td>60</td><td>62</td><td>64</td><td>66</td><td>68</td><td>70</td><td>72</td><td>74</td><td>76</td></tr>
<tr><td>臀围</td><td>77.4</td><td>79.2</td><td>81</td><td>82.8</td><td>84.6</td><td>86.4</td><td>88.2</td><td>90</td><td>91.8</td><td>93.6</td><td>95.4</td><td>97.2</td><td>99</td><td>100.8</td></tr>
</table>

表 2-15　女子 5.4/5.2YA 号型系列控制部位数值

<table>
<tr><td>部位</td><td colspan="21">数值</td></tr>
<tr><td>身高</td><td colspan="3">145</td><td colspan="3">150</td><td colspan="3">155</td><td colspan="3">160</td><td colspan="3">165</td><td colspan="3">170</td><td colspan="3">175</td></tr>
<tr><td>颈椎点高</td><td colspan="3">124</td><td colspan="3">128</td><td colspan="3">132</td><td colspan="3">136</td><td colspan="3">140</td><td colspan="3">144</td><td colspan="3">148</td></tr>
<tr><td>坐姿颈椎点高</td><td colspan="3">56.5</td><td colspan="3">58.5</td><td colspan="3">60.5</td><td colspan="3">62.5</td><td colspan="3">64.5</td><td colspan="3">66.5</td><td colspan="3">68.5</td></tr>
<tr><td>全臂长</td><td colspan="3">46</td><td colspan="3">47.5</td><td colspan="3">49</td><td colspan="3">50.5</td><td colspan="3">52</td><td colspan="3">53.5</td><td colspan="3">55</td></tr>
<tr><td>腰节高</td><td colspan="3">89</td><td colspan="3">92</td><td colspan="3">95</td><td colspan="3">98</td><td colspan="3">101</td><td colspan="3">104</td><td colspan="3">107</td></tr>
<tr><td>胸围</td><td colspan="3">72</td><td colspan="3">76</td><td colspan="3">80</td><td colspan="3">84</td><td colspan="3">88</td><td colspan="3">92</td><td colspan="3">96</td></tr>
<tr><td>颈围</td><td colspan="3">31.2</td><td colspan="3">32</td><td colspan="3">32.8</td><td colspan="3">33.6</td><td colspan="3">34.4</td><td colspan="3">35.2</td><td colspan="3">36</td></tr>
<tr><td>总肩宽</td><td colspan="3">36.4</td><td colspan="3">37.4</td><td colspan="3">38.4</td><td colspan="3">39.4</td><td colspan="3">40.4</td><td colspan="3">41.4</td><td colspan="3">42.4</td></tr>
<tr><td>腰围</td><td>54</td><td>56</td><td>58</td><td>28</td><td>60</td><td>62</td><td>62</td><td>64</td><td>66</td><td>66</td><td>68</td><td>70</td><td>70</td><td>72</td><td>74</td><td>74</td><td>76</td><td>78</td><td>78</td><td>80</td><td>82</td></tr>
<tr><td>臀围</td><td>77.4</td><td>79.2</td><td>81</td><td>81</td><td>82.8</td><td>84.6</td><td>86.4</td><td>86.4</td><td>88.2</td><td>88.2</td><td>90</td><td>91.8</td><td>91.8</td><td>93.6</td><td>95.4</td><td>95.4</td><td>97.2</td><td>99</td><td>99</td><td>100.8</td><td>102.6</td></tr>
</table>

表 2-16　女子 5.4/5.2B 号型系列控制部位数值

<table>
<tr><td>部位</td><td colspan="20">数值</td></tr>
<tr><td>身高</td><td colspan="3">145</td><td colspan="3">150</td><td colspan="3">155</td><td colspan="3">160</td><td colspan="3">165</td><td colspan="3">170</td><td colspan="2">175</td></tr>
<tr><td>颈椎点高</td><td colspan="3">124.5</td><td colspan="3">128.5</td><td colspan="3">132.5</td><td colspan="3">136.5</td><td colspan="3">140.5</td><td colspan="3">144.5</td><td colspan="2">148.5</td></tr>
<tr><td>坐姿颈椎点高</td><td colspan="3">57</td><td colspan="3">59</td><td colspan="3">61</td><td colspan="3">63</td><td colspan="3">65</td><td colspan="3">67</td><td colspan="2">69</td></tr>
<tr><td>全臂长</td><td colspan="3">46</td><td colspan="3">47.5</td><td colspan="3">49</td><td colspan="3">50.5</td><td colspan="3">52</td><td colspan="3">53.5</td><td colspan="2">55</td></tr>
<tr><td>腰节高</td><td colspan="3">89</td><td colspan="3">92</td><td colspan="3">95</td><td colspan="3">98</td><td colspan="3">101</td><td colspan="3">104</td><td colspan="2">107</td></tr>
<tr><td>胸围</td><td colspan="2">68</td><td colspan="2">72</td><td colspan="2">76</td><td colspan="2">80</td><td colspan="2">84</td><td colspan="2">88</td><td colspan="2">92</td><td colspan="2">96</td><td colspan="2">100</td><td colspan="2">104</td></tr>
<tr><td>颈围</td><td colspan="2">30.6</td><td colspan="2">31.4</td><td colspan="2">32.2</td><td colspan="2">33</td><td colspan="2">33.8</td><td colspan="2">34.6</td><td colspan="2">35.4</td><td colspan="2">36.2</td><td colspan="2">37</td><td colspan="2">37.8</td></tr>
<tr><td>总肩宽</td><td colspan="2">34.8</td><td colspan="2">35.8</td><td colspan="2">36.8</td><td colspan="2">37.8</td><td colspan="2">38.8</td><td colspan="2">39.8</td><td colspan="2">40.8</td><td colspan="2">41.8</td><td colspan="2">42.8</td><td colspan="2">43.8</td></tr>
<tr><td>腰围</td><td>56</td><td>58</td><td>60</td><td>62</td><td>64</td><td>66</td><td>68</td><td>70</td><td>72</td><td>74</td><td>76</td><td>78</td><td>80</td><td>82</td><td>84</td><td>86</td><td>88</td><td>90</td><td>92</td><td>94</td></tr>
<tr><td>臀围</td><td>78.4</td><td>80</td><td>81.6</td><td>83.2</td><td>84.8</td><td>86.4</td><td>88</td><td>89.6</td><td>91.2</td><td>92.8</td><td>94.4</td><td>96</td><td>97.6</td><td>99.2</td><td>100.8</td><td>102.4</td><td>104</td><td>105.6</td><td>107.2</td><td>108.8</td></tr>
</table>

表 2-17　女子 5.4/5.2C 号型系列控制部位数值

<table>
<tr><td>部位</td><td colspan="22">数值</td></tr>
<tr><td>身高</td><td colspan="3">145</td><td colspan="3">150</td><td colspan="3">155</td><td colspan="3">160</td><td colspan="3">165</td><td colspan="3">170</td><td colspan="4">175</td></tr>
<tr><td>颈椎点高</td><td colspan="3">124.5</td><td colspan="3">128.5</td><td colspan="3">132.5</td><td colspan="3">136.5</td><td colspan="3">140.5</td><td colspan="3">144.5</td><td colspan="4">148.5</td></tr>
<tr><td>坐姿颈椎点高</td><td colspan="3">56.5</td><td colspan="3">58.5</td><td colspan="3">60.5</td><td colspan="3">62.5</td><td colspan="3">64.5</td><td colspan="3">66.5</td><td colspan="4">68.5</td></tr>
<tr><td>全臂长</td><td colspan="3">46</td><td colspan="3">47.5</td><td colspan="3">49</td><td colspan="3">50.5</td><td colspan="3">52</td><td colspan="3">53.5</td><td colspan="4">55</td></tr>
<tr><td>腰节高</td><td colspan="3">89</td><td colspan="3">92</td><td colspan="3">95</td><td colspan="3">98</td><td colspan="3">101</td><td colspan="3">104</td><td colspan="2">107</td><td colspan="2">109</td></tr>
<tr><td>胸围</td><td colspan="2">68</td><td colspan="2">72</td><td colspan="2">76</td><td colspan="2">80</td><td colspan="2">84</td><td colspan="2">88</td><td colspan="2">92</td><td colspan="2">96</td><td colspan="2">100</td><td colspan="2">104</td><td colspan="2">108</td></tr>
<tr><td>颈围</td><td colspan="2">30.8</td><td colspan="2">31.6</td><td colspan="2">32.4</td><td colspan="2">33.2</td><td colspan="2">34</td><td colspan="2">34.8</td><td colspan="2">35.6</td><td colspan="2">36.4</td><td colspan="2">37.2</td><td colspan="2">38</td><td colspan="2">38.8</td></tr>
<tr><td>总肩宽</td><td colspan="2">34.2</td><td colspan="2">35.2</td><td colspan="2">36.2</td><td colspan="2">37.2</td><td colspan="2">38.2</td><td colspan="2">39.2</td><td colspan="2">40.2</td><td colspan="2">41.2</td><td colspan="2">42.2</td><td colspan="2">43.2</td><td colspan="2">44.2</td></tr>
<tr><td>腰围</td><td>60</td><td>62</td><td>64</td><td>66</td><td>68</td><td>70</td><td>72</td><td>74</td><td>76</td><td>78</td><td>80</td><td>82</td><td>84</td><td>86</td><td>88</td><td>90</td><td>92</td><td>94</td><td>96</td><td>98</td><td>100</td><td>102</td></tr>
<tr><td>臀围</td><td>78.4</td><td>80</td><td>81.6</td><td>83.2</td><td>84.8</td><td>86.4</td><td>88</td><td>89.6</td><td>91.2</td><td>92.8</td><td>94.4</td><td>96</td><td>97.6</td><td>99.2</td><td>100.8</td><td>102.4</td><td>104</td><td>105.6</td><td>107.2</td><td>108.8</td><td>110.4</td><td>112</td></tr>
</table>

表 2-18　男上装服装尺码表

上衣尺码	S	M	L	XL	XXL	XXXL
服装尺码	46	48	50	52	54	56
中国号型	165/80A	170/84A	175/88A	180/92A	185/96A	190/100A
胸围（cm）	82～85	86～89	90～93	94～97	98～102	103～107
腰围（cm）	72～75	76～79	80～84	85～88	89～92	93～96
肩宽（cm）	42	44	46	48	50	52
适合身高（cm）	163/167	168/172	173/177	178/182	182/187	187/190

表 2-19　男下装尺码表

裤子尺码	29	30	31	32	33	34	35	36
对应臀围（市尺）	2 尺 9	3 尺	3 尺 1	3 尺 2	3 尺 3	3 尺 4	3 尺 5	3 尺 6
对应臀围（cm）	97	100	103	107	110	113	117	120
对应腰围（市尺）	2 尺 2	2 尺 3	2 尺 4	2 尺 5	2 尺 6	2 尺 7	2 尺 8	2 尺 9
对应腰围（cm）	73	77	80	83	87	90	93	97

表 2-20　女上装尺码表

上衣尺码	S	M	L	XL	XXL	XXXL
服装尺码	38	40	42	44	46	48
胸围（cm）	78 ~ 81	82 ~ 85	86 ~ 89	90 ~ 93	94 ~ 97	98 ~ 102
腰围（cm）	62 ~ 66	67 ~ 70	71 ~ 74	75 ~ 79	80 ~ 84	85 ~ 89
肩宽（cm）	36	38	40	42	44	46
适合身高（cm）	153/157	158/162	163/167	168/172	173/177	177/180

表 2-21　女下装尺码表

女裤标注	24	26	27	28	29	30	31
对应臀围（市尺）	83	87	90	93	97	100	103
对应臀围（cm）	81 ~ 84	84 ~ 87	87 ~ 90	90 ~ 93	93 ~ 96	96 ~ 99	99 ~ 102
对应腰围（市尺）	1 尺 8	1 尺 9	2 尺	2 尺 1	2 尺 2	2 尺 3	2 尺 4
对应腰围（cm）	60	63	67	70	73	77	80

表 2-22　童装尺码表

尺码	对照年龄	对照身高（cm）	对照胸围（cm）	对照腰围（cm）
50	0 ~ 0.3	52 ~ 59	40	40
65	0.3 ~ 0.6	59 ~ 73	44	33
75	0.6 ~ 1	73 ~ 80	48	48
80	1 ~ 2	75 ~ 85	50	49
90	2 ~ 3	85 ~ 95	52	50
100	3 ~ 4	95 ~ 105	54	51
110	4 ~ 5	105 ~ 115	57	52
120	6 ~ 7	115 ~ 125	60	54
130	8 ~ 9	125 ~ 135	64	57
140	10 ~ 11	135 ~ 145	68	61
150	12 ~ 13	145 ~ 155	72	64
160	14 ~ 15	155 ~ 165	76	66

拓展任务

1. 用软尺测量人台的胸围、腰围、臀围等净体尺寸。
2. 用软尺测量自己或家人的净尺寸。

模块三 藏装女衬衣

知识目标

1. 学习女衬衣的结构原理。
2. 了解并识记女衬衣的结构公式。
3. 掌握女衬衣的结构部位的名称。
4. 掌握女衬衣的测量方法和控制部位。

能力目标

1. 具备独立完成女衬衣的结构制图的能力。
2. 具备基础的缝纫机操作能力。
3. 具备能够独立完成女衬衣的制版与成衣缝制的能力。

素质目标

1. 增强自主学习、自我验证、自我批判、虚心请教的精神。
2. 培养学生爱岗敬业的劳动工匠精神和精益求精的敬业精神。
3. 养成良好的职业道德素质。

课前探究

从事一定职业的人在职业生活中应当遵循的具有职业特征的道德要求和行为准则称之为职业道德。职业道德是职业成功的必要条件。

爱岗敬业、诚实守信、办事公道、服务意识、奉献精神是基本要求，其中敬业、诚信是职业道德规范的重点。由于不同行业在工作性质、社会责任、服务对象、服务内容和服务方式等方面的差异，每个行业都有自己特殊的职业道德要求。

思考：请你谈谈职业道德的重要性？

一、藏装女衬衣款式图

如图 3-1 所示，衣身为两开身结构，平下摆，直腰身造型，前对开门襟。衣领为大翻领结构，前领深（直开领）较小，平方领造型，4 cm 衣领相对合体，围住颈部，和颈部的间隙较小。衣领、肩、胸、背部较合体，衣身、衣袖整体造型宽松、舒适。适宜选用轻薄的棉、涤、丝绸等面料制作。

图 3-1　藏装女衬衣款式

二、藏装女衬衣各部位名称

藏装女衬衣各部位名称如图 3-2 所示。

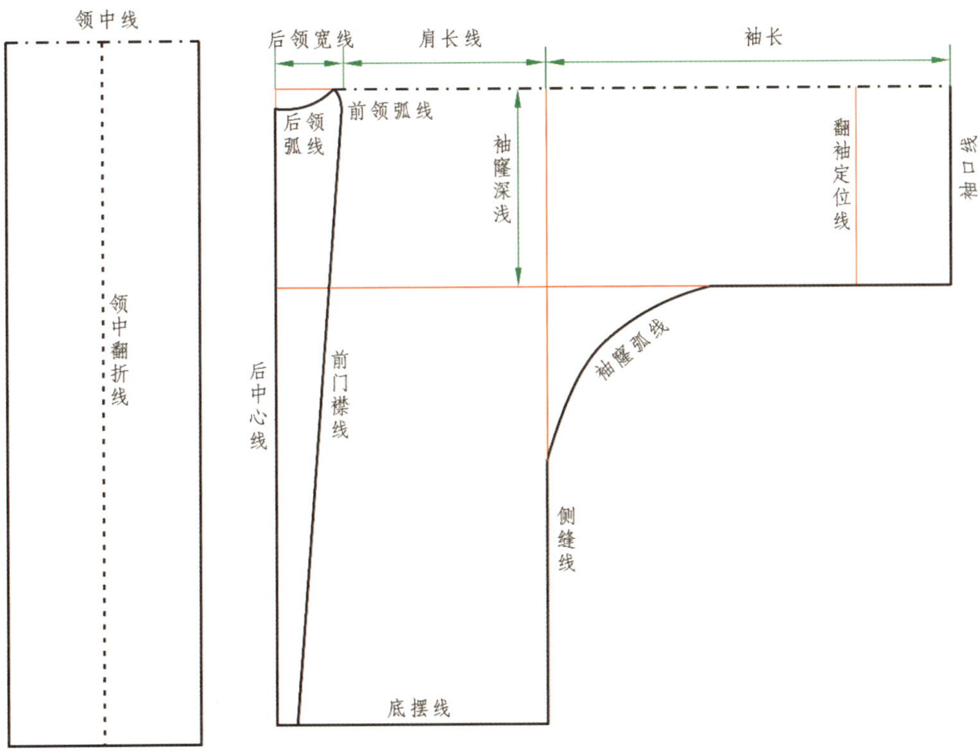

图 3-2　藏装女式衬衫各部位名称

三、藏装女衬衣的结构图

（一）藏装女衬衣测体要领

① 衣长 L：从后颈点起延后中线到臀围线的长度。

② 胸围 B：胸围线水平测量一周，加放松量 20 cm 左右。

③ 肩宽 S：从左或者右肩端点弧线量至右肩端点，加放松量 10 cm 左右。

④ 袖长 SL：从肩点量至手腕处，加 10 cm 翻折量。

⑤ 领围 N：颈根部围量一周，加放 4 cm 左右。

（二）藏装女衬衣成品规格

表 3-1　藏装女衬衣制图规格　　单位：cm

号型	衣长 L	胸围 B	肩宽 S	领围 N	袖长 SL	袖口 CW
160/84A	64	114	40	42	56	40

（三）藏装女衬衣计算公式

表 3-2　藏装女衬衣各部位长宽计算公式

部位	公式	数据
衣长	L	64
后领宽	N/6 − 1	5.3
前袖窿深	B/5	22.8
袖口宽	CW/2	20
胸围	B/4	28.5

（四）藏装女衬衣结构制图过程

如图 3-3 所示：

① 绘制矩形：以衣长 64 为纵线，B/4 为横线，绘制矩形。矩形左边的线为后中线，矩形右边的线为侧缝线。

② 作袖窿深线：从后中线顶点向下量取 B/5，作水平线。

③ 袖子：从后侧缝线顶点向右量取袖长 56 cm，垂直向下量取袖口宽 CW/2，袖口处连接袖窿深线。把袖底线进行五等分，选取左边 1/5 处，量出它的长度△，在 1/5 点连接后中线上的△，作出等腰三角形，把等腰三角形的斜边进行两等分，找出中点，连

接腋下点，再把它进行两等分，通过这几条辅助线，作出弧线。袖口处向左 10 cm 作翻袖定位线，可根据需求进行调整。

④ 门襟：从后中线顶点找出后领宽 N/6 – 1 cm，向下沿着后中线底摆位置从左向右 2 cm 处连接。

⑤ 作后领弧线：从后中线的顶点向下 2 cm，垂直相交于前门襟线，把后领深线进行四等分，再从前门襟上从上至下选取 1 cm 的点，再从前门襟顶端向左 1 cm，连接成等腰三角形，与后领深线前 1/4 处连接，把这条线进行两等分，两等分中点作垂线于后领深线上，再把这条垂线进行二等分，通过这几条辅助线和等分辅助线，作出后领弧线。

⑥ 前领弧线：把前领线经过两等分的点垂直向上作 0.2 的点，三点连接起来作前领弧线。

⑦ 领子：领子的长度为前领弧线、后领弧线、前门襟三者相加，领子的宽度为 10 ~ 12，可根据需求进行调整。

四、藏装女衬衣加缝份与裁片

如图 3-4 所示，除衬衣底摆处放 2 cm，其余均放 1 cm 缝份。衣身两片，大翻领一片，翻袖两片。

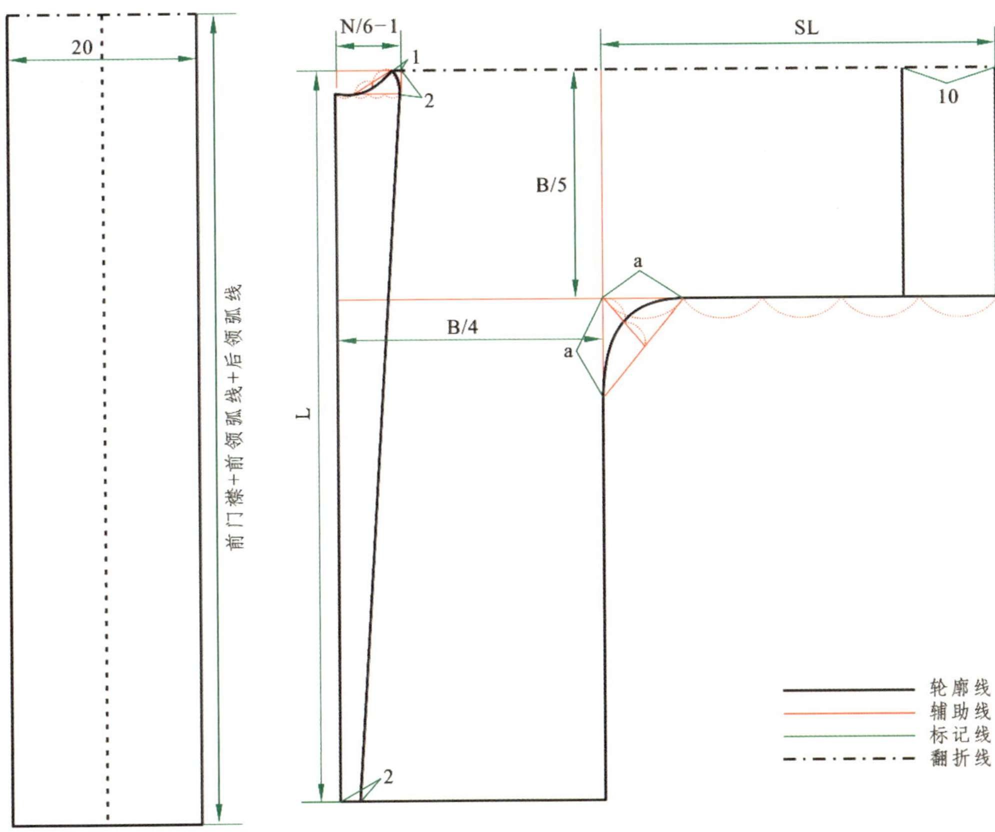

图 3-3　藏装女衬衣结构制图过程

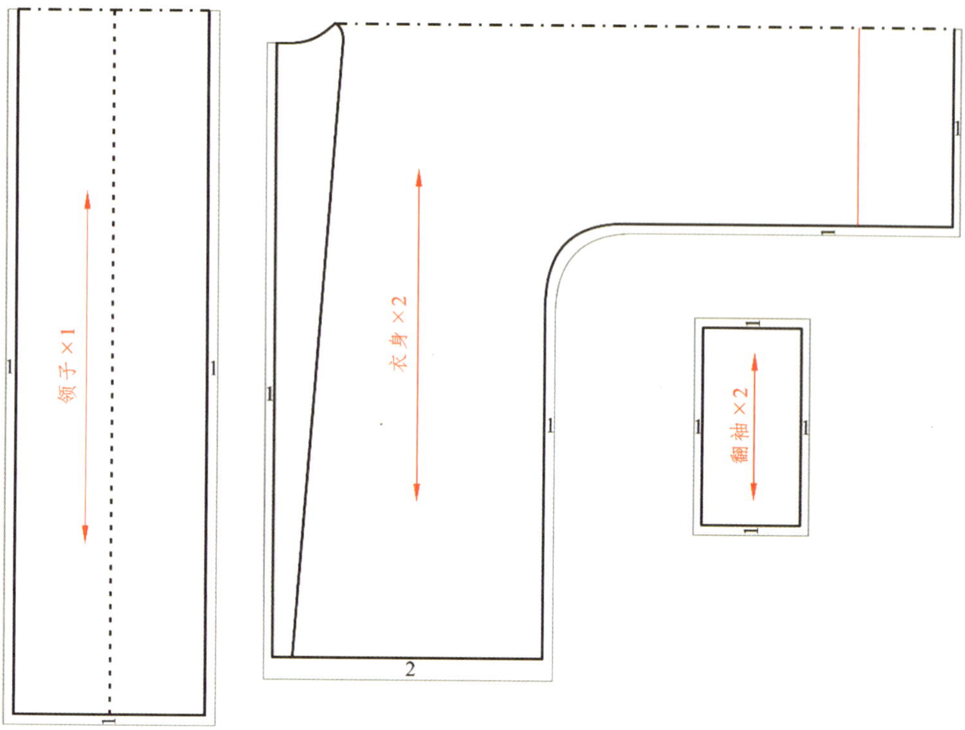

图 3-4 藏装女衬衣加缝份与裁片示意图

五、藏装女衬衣缝制工艺

① 后中心线缝合。

② 侧缝线缝合。

③ 袖子的缝合。

④ 门襟和领子的缝合。

⑤ 整理与熨烫。

藏装女衬衫缝制工艺视频

藏装女衬衫结构制图视频

拓展任务

1. 以自己或家人的尺寸为准，画出藏式女衬衣的结构制图。
2. 为自己或家人缝制一件藏式女衬衣的成衣。

模块四 藏装男衬衣

知识目标

1. 学习藏装男衬衣的款式和结构原理。
2. 掌握藏装男衬衣的测量方法和控制部位。
3. 掌握藏装男衬衣的结构部位的名称。
4. 了解并识记藏装男衬衣的结构公式。

能力目标

1. 具备独立完成藏装男衬衣的结构制图的能力。
2. 具备熟练操作缝纫机的能力。
3. 具备能够独立完成藏装男衬衣的制版与成衣缝制的能力。

素质目标

1. 具备良好的职业道德。
2. 培养学生爱岗敬业的劳动工匠精神和精益求精的敬业精神。
3. 培养锤炼能吃苦，能团结，讲奉献的精神。

课前探究

老西藏精神是指“特别能吃苦、特别能战斗、特别能忍耐、特别能团结、特别能奉献”的精神。这种精神是中国共产党人和西藏人民在西藏的伟大革命和实践中凝结而成的，具有西藏民族地区特色。

在西藏工作的党员、干部，尤其是西藏党员、干部，要发扬老西藏精神，在工作中不断增强责任感、使命感，增强能力、锤炼作风。

思考：作为一名21世纪的青年人，如何弘扬老西藏精神？

一、藏装男衬衣款式图

如图4-1所示，藏装男衬衣版型宽松，前后片从右肩部连接为一整片，肩上无肩缝，肩部为落肩设计，立领，领口为方形（女式为圆形），前胸处右开襟，袖口向上翻折10 cm，两侧下摆开衩。

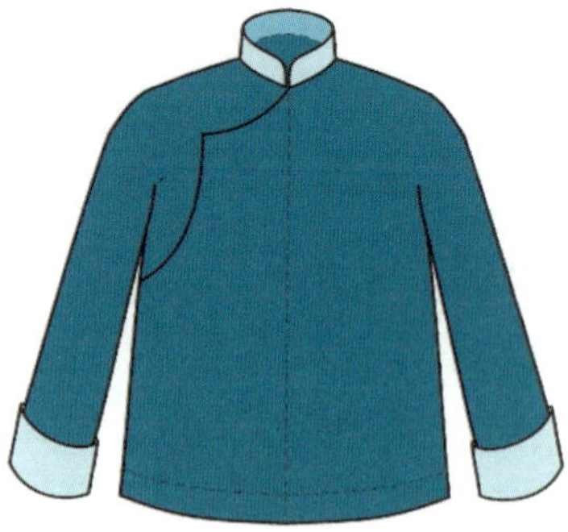

图 4-1　藏装男衬衣款式图

二、藏装男衬衣各部位名称

藏装男式衬衣各部位名称如图 4-2 所示。

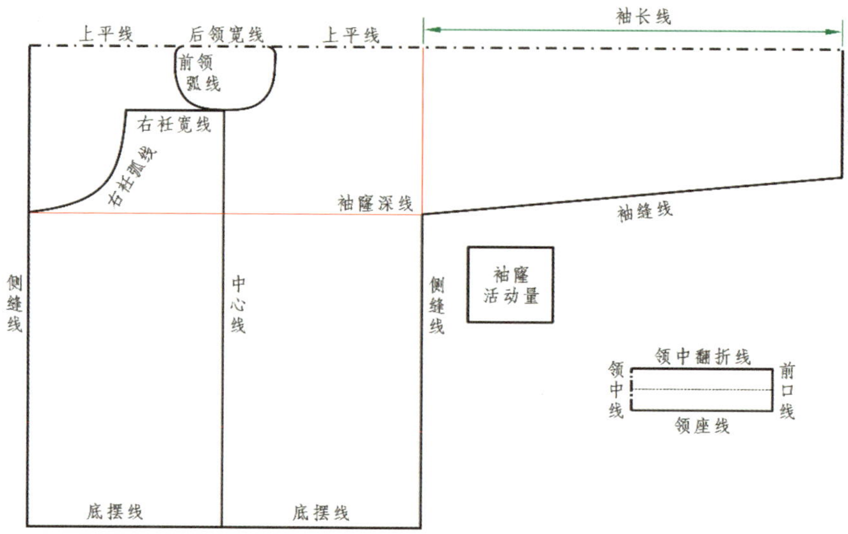

图 4-2　藏装男衬衣各部位名称

三、藏装男衬衣的结构图

（一）藏装男衬衣主图主要部位测量方法

① 衣长 L：从颈肩点起量，经过 BP 点、前腰节线，向下量至臀围线的长度。

② 胸围 B：在胸部最丰满处水平围量一周，得到人体的净胸围，根据衣身的款式特点，再加上 16 ~ 20 cm 的放松量。

③ 肩宽 S：测量左右肩端点间的距离，得到净肩宽，再根据肩部的款式特点，加上 10 ~ 12 cm 左右的放松量。

④ 袖长 SL：因为袖子有翻折量，所以袖长应比散袖口的略长。测量方法是从肩端点起量，经过肘部的自然弯曲，测至虎口上加上 10 cm 翻折量。

⑤ 领围 N：用软尺围量颈中部一周，得到颈围的净尺寸，再根据颈部款式特点，加上 4 ~ 6 cm 左右的放松量。

（二）藏装男衬衣成品规格

表 4-1　藏装男衬衣成品规格　　单位：cm

号型	衣长 L	胸围 B	肩宽 S	袖长 SL	袖口 CW	领围 N
170/88A	75	110	60	58	40	45

（三）藏装男衬衣计算公式

表 4-2　藏装男衬衣各部位长宽计算公式

部位	公式	数据
衣长	L	75
胸围	B/2	55
袖窿深线	B/5+4	26
领宽线	N/6 − 0.5	7
领深线	N/5+1	10
袖口线	CW/2	20

（四）藏装男衬衣结构制图

如图 4-3 所示：

① 绘制矩形：以衣长 75 为纵线，B/2 为横线，绘制矩形。

② 作中心线：把上平线二等分，中点作垂线垂直于底摆线。

③ 作袖窿深线：从侧缝线顶点向下量取 B/5+4 cm，作水平线。

④ 作领围线：从上平线二等分中心点处左右各移动 N/6 − 0.5 cm，左右各向下移动 N/5+1 cm，两个点连接起来。

⑤ 作领弧线：从上平线前领宽点处向右移动 1 cm，从上平线左领宽点处再向下移动 1 cm，把剩下线段进行三等分，再把前 1/3 等分处的点与中心线连接。把这条连接线进行二等分，把二等分中点与领围深线连接，再把连接线段进行二等分。通过这几条辅助线，作前领弧线。后领弧线绘制同前领弧线。

⑥ 右衽宽线：从中心线点作垂线于侧缝线，把这条线进行二等分，在二等分中点处作垂线于袖窿深线。

⑦ 右衽弧线：把右衽宽线上的 1/2 点处与左侧缝线相连接，把这条线段进行二等分，将两等分点和袖窿深线的中心点连接，再把这条线段进行二等分，通过这几条辅助线，连接三个点，作右衽弧线。

⑧ 袖子：沿着上平行线侧缝线顶点向右 58 cm，向下移动 CW/2 作袖口线，把袖窿深线与袖口线连接。把这条线进行五等分，选取 1/5 长度标记为△。用△长度作正方形为袖窿活动量（袖窿补丁）。

⑨ 领子：领子长度为前领弧线加上后领弧线。

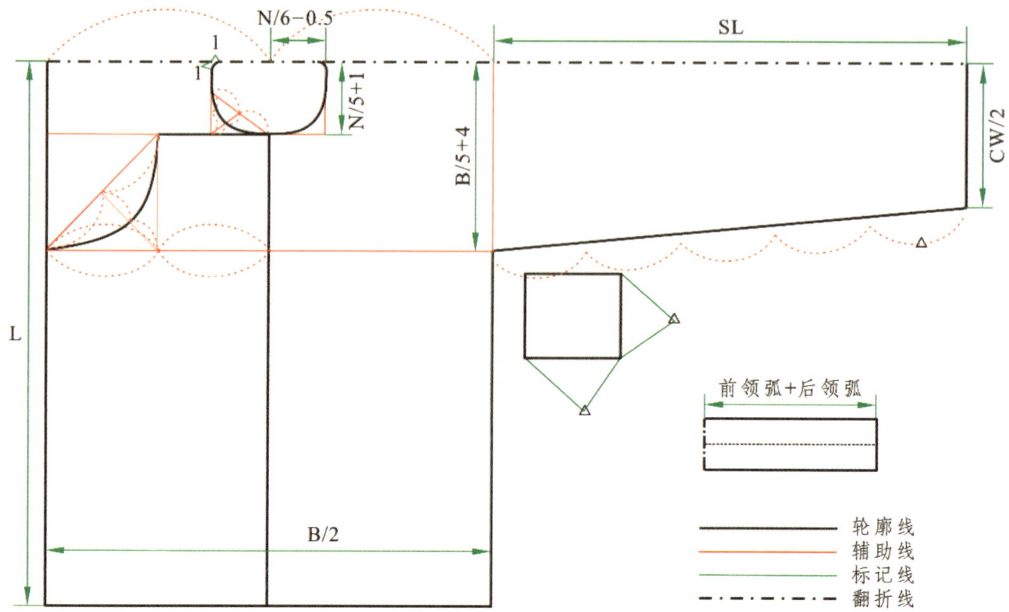

图 4-3　藏装男衬衣结构制图过程

四、藏装男衬衣加缝份与裁片

如图 4-4 所示，除衬衣底摆处放 2 cm，袖口翻折处放 1.4 cm，其余均放 1 cm 缝份。前片后片一体 1 片，右衽 1 片，袖子 2 片，领子 1 片，袖窿补丁 2 片。

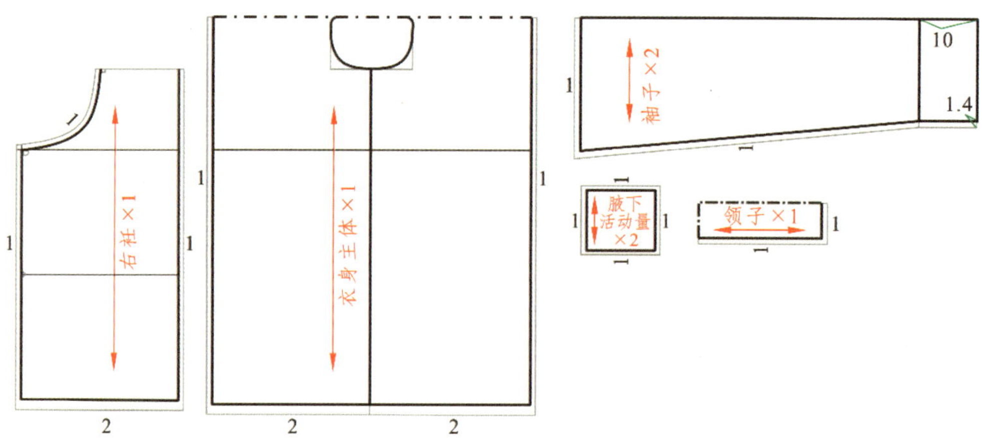

图 4-4　藏装男衬衣加缝份与裁片示意图

五、藏装男衬衣缝制工艺

① 前后片和前侧的缝合，右衽缝合。

② 袖子的缝合，袖子与衣身缝合袖窿补丁。

③ 领子的缝合。

④ 整理与熨烫。

藏装男衬衣缝制工艺视频

藏装男衬衣结构制图视频

拓展任务

采用 1∶1 作图比例按照自己或家人的尺寸绘制一个藏装男衬衣结构图。

模块五 藏装女外套

知识目标

1. 学习藏装女外套的款式和结构原理。
2. 掌握藏装女外套的测量方法和控制部位。
3. 掌握藏装女外套的结构部位的名称。
4. 了解并识记藏装女外套的结构公式。

能力目标

1. 具备独立完成藏装女外套的结构制图的能力。
2. 具备基础的缝纫机操作能力。
3. 具备能够独立完成藏装女外套的制版与成衣缝制的能力。

素质目标

1. 具备良好的职业道德。
2. 培养学生爱岗敬业的劳动工匠精神和精益求精的敬业精神。
3. 培养踔厉奋发、勇毅前行的毅力。

课前探究

在党的二十大即将召开之际，中共中央总书记、国家主席、中央军委主席习近平2022年9月27日前往北京展览馆，参观“奋进新时代”主题成就展。他强调，党的十八大以来，党中央团结带领全党全国各族人民，攻克了许多长期没有解决的难题，办成了许多事关长远的大事要事，经受住了来自政治、经济、意识形态、自然界等方面的风险挑战考验，党和国家事业取得历史性成就、发生历史性变革，为实现中华民族伟大复兴提供了更为完善的制度保证、更为坚实的物质基础、更为主动的精神力量。要广泛宣传10年来的战略性举措、变革性实践、突破性进展、标志性成果，宣传10年来的伟大变革在党史、新中国史、改革开放史、社会主义发展史、中华民族发展史上具有的里程碑意义，激励全党全国各族人民坚定历史自信、增强历史主动，踔厉奋发、勇毅前行、团结奋斗，谱写全面建设社会主义现代化国家新篇章，夺取中国特色社会主义新胜利。

思考：请问作为一名中职生，你在“全面建设社会主义现代化国家新篇章”中如何扮演什么样的角色？

一、藏装女外套款式图

如图 5-1 所示，藏装女外套版型修身，衣身前后分四片，每片加一个腰省，共四个腰省。对襟大领直到两侧下摆，袖子为一片袖，袖口向上翻折 8 ~ 10 cm。

图 5-1　藏装女外套款式图

二、藏装女外套各部位名称

藏装女外套各部位名称如图 5-2 所示。

三、藏装女外套的结构图

（一）藏装女外套主要部位测量方法

① 衣长 L：从侧颈点过 BP 点，过腰节线后大概至臀围线上方。

② 胸围 B：胸围线水平测量一周，加放松量 8 cm 左右。

③ 肩宽 S：从左肩端点弧线量至右肩端点。

④ 袖长 SL：从肩点量至手腕处，加 10 cm 翻折量。

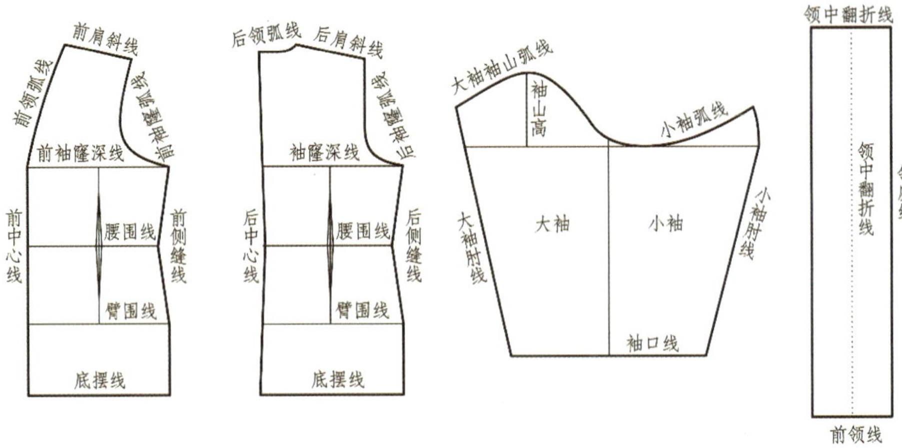

图 5-2　藏装女外套各部位名称

⑤ 腰围 W：净腰围加 6 cm 放松量。

⑥ 领围 N：围绕颈根围线量一周加 4 cm 左右放松量。

（二）藏装女外套制图规格

表 5-1　藏装女外套成品规格　　单位：cm

号型	衣长 L	胸围 B	肩宽 S	袖长 SL	腰围 W	领围 N
165/88A	72	100	40	58	90	38

（三）藏装女外套计算公式

表 5-2　藏装女外套各部位长宽计算公式　　单位：cm

部位	公式	数据
衣长	L	72
胸宽	B/4	25
领宽	N/5 − 1	6.6
领宽加肩宽	S/2 − 1.5	18.5
袖窿深	B/4	25
袖山高	AH/4+1 ~ 2	根据 1：1 的版量袖窿弧线长

（四）藏装女外套制图要领

如图 5-3 所示：

① 袖窿弧线要圆润顺滑。

② 前后片肩斜线角度和长度是一致的。

③ 后片后中心线在腰节位置往里收 1 cm 左右。

④ 两侧腰节线往内收 2 cm，和腰省同时达到收腰的效果。

⑤ 袖山弧线的总长度要约等于前袖窿弧线加上后袖窿弧线。

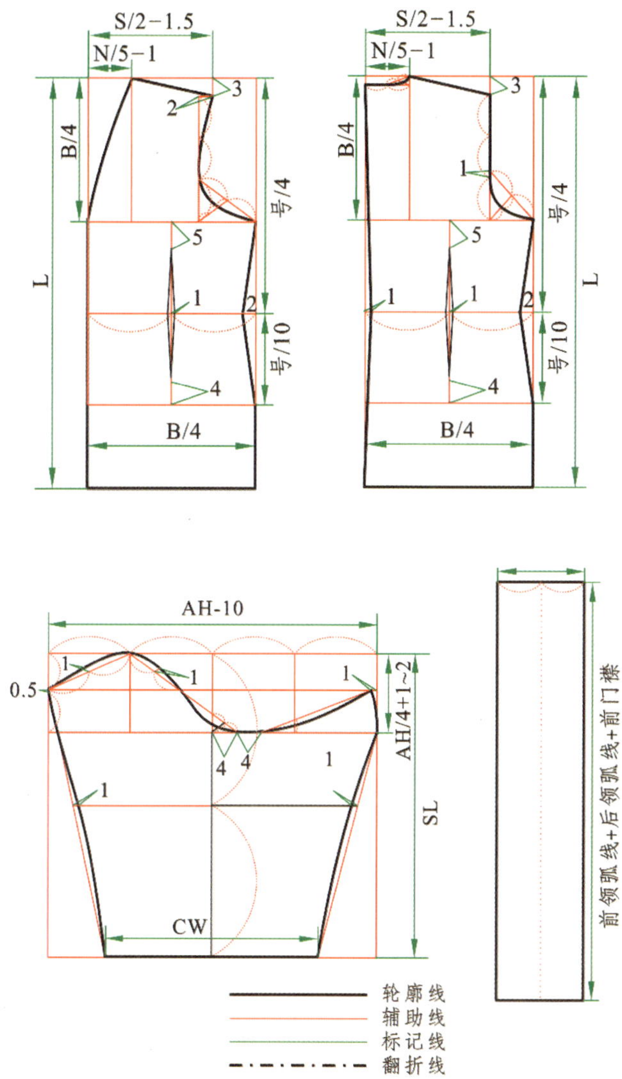

图 5-3　藏装女外套结构制图过程

四、藏装女外套加缝份与裁片

藏装女外套加缝份与裁片见图 5-4 所示。

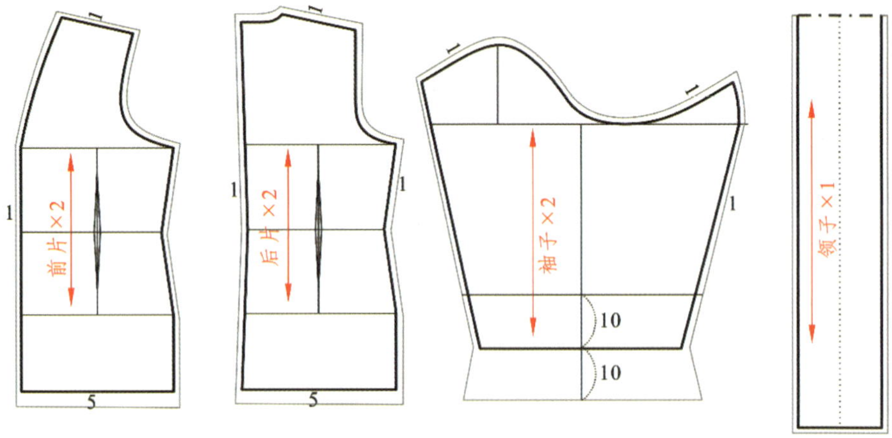

图 5-4　藏装女外套加缝份与裁片示意图

五、藏装女外套缝制工艺

① 前后片省道的缝合。

② 两个后片在后中线上缝合。

③ 前后片肩部缝合。

④ 前后袖窿弧线和袖山弧线缝合，肩端点对位点要对齐。

⑤ 两侧袖肘线和两边侧缝线的缝合。

⑥ 领子的缝合。

⑦ 衣身下摆折叠 3 ~ 5 cm，手缝三角针或者用暗缝机收下摆。

⑧ 整理与熨烫。

藏装女外套缝制工艺视频

藏装女外套结构制图视频

拓展任务

1. 列出藏装女外套和现代女衬衫结构制图的区别。
2. 列出藏装女外套的袖子结构制图和一片袖结构制图的区别。

模块六 藏装男外套

知识目标

1. 学习藏装男外套的款式和结构原理。
2. 掌握藏装男外套的测量方法和控制部位。
3. 掌握藏装男外套的结构部位的名称。
4. 了解并识记藏装男外套的结构公式。

能力目标

1. 具备独立完成藏装男外套的结构制图的能力。
2. 具备熟练操作缝纫机的能力。
3. 具备能够独立完成藏装男外套的制版与成衣缝制的能力。

素质目标

1. 具备良好的职业道德。
2. 培养学生爱岗敬业的劳动工匠精神和精益求精的敬业精神。
3. 培养“干一行，爱一行”的精神。

课前探究

“向雷锋同志学习”是毛泽东主席 1963 年 3 月的题词，号召全国人民学习雷锋的共产主义精神品质。

中国共产主义战士雷锋在实践中表现出来的全心全意为人民服务的共产主义精神和态度，其实质是忠于共产主义事业，毫不利己地帮助别人，在各种不同的工作岗位上干一行爱一行，把有限的生命投入到无限的为人民服务中去，在平凡的工作中为社会主义、共产主义事业而奉献自己的力量。

思考：作为一名中职生如何把自己的专业和兴趣爱好紧密结合?

一、藏装男外套款式图

如图 6-1 所示，藏装男外套版型宽松，前后片从右肩部连接为一整片，肩上无肩缝，肩部为落肩设计，立领，领口为方形（女士为圆形），前胸为右衽结构，袖口向上翻折 10 cm，两侧下摆开衩。

图 6-1　藏装男外套款式图

二、藏装男外套各部位名称

认识藏装男外套各部位名称如图 6-2 所示。

三、藏装男外套的结构制图

（一）藏装男外套主要部位测量方法

① 衣长 L：从后颈点起延后中线大约到臀围线的长度。

② 胸围 B：胸围线水平测量一周，加放松量 12 ~ 25 cm 左右。

③ 肩宽 S：从左肩端点弧线量至右肩端点，加放松量 10 cm 左右。

④ 袖长 SL：从肩端点量至手腕点下 3 ~ 4 cm 处，加 10 cm 翻折量。

⑤ 领围 N：颈根部围量一周，加 3 cm 放松量。

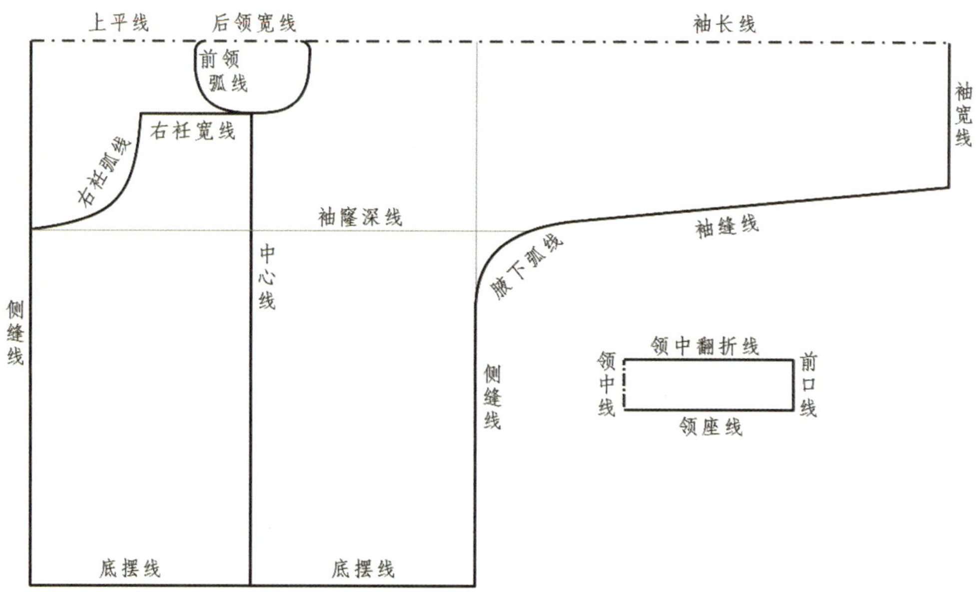

图 6-2　藏装男外套各部位名称

（二）藏装男外套制图规格

表 6-1　藏式男外套成品规格　　单位：cm

号型	衣长 L	胸围 B	肩宽 S	袖长 SL	袖口 CW	领围 N
170/88A	75	110	60	58	43	45

（三）藏装男外套计算公式

表 6-2　藏装男外套各部位长宽计算公式　　单位：cm

部位	公式	数据
衣长 L	L	75
胸宽	B/2	55
袖窿深	B/5+4	26
领深	N/5+1	10
领宽	N/6－1	6.5

（四）藏装男外套结构制图

如图 6-3 所示：

① 外轮廓线：画一个宽（B/2）=55 cm、长 L=75 cm 的长方形。

② 袖窿深线：沿上平线往下 26 cm 处画一条平行线。

③ 前中心线：在上平线两等分处画一条垂线，到下平线结束。

④ 领宽线与领深线：以前中心线和上平线的交点为中点，左右各 N/6－1=6.5 cm 为领宽，往下 N/5+1=10 cm 为领深，画一个长方形。

⑤ 右衽宽线：将一侧领深线延长至侧缝线，并将它两等分。

⑥ 袖窿弧线：在袖窿深线左侧两等分处向上连接至右衽宽线，见图 6-3，两次两等分后画弧线。

⑦ 袖长线：将上平线向右延长使 SL=58 cm。

⑧ 袖宽线：袖长线往下使 CW/2=21.5 cm。

⑨ 连接袖宽线和袖窿深线。

⑩ 将袖长线五等分，用等量的距离和侧缝线连接，然后两等分，在两等分处连接腋下点，再两等分，过两等分的点画弧线，此为腋下弧线。

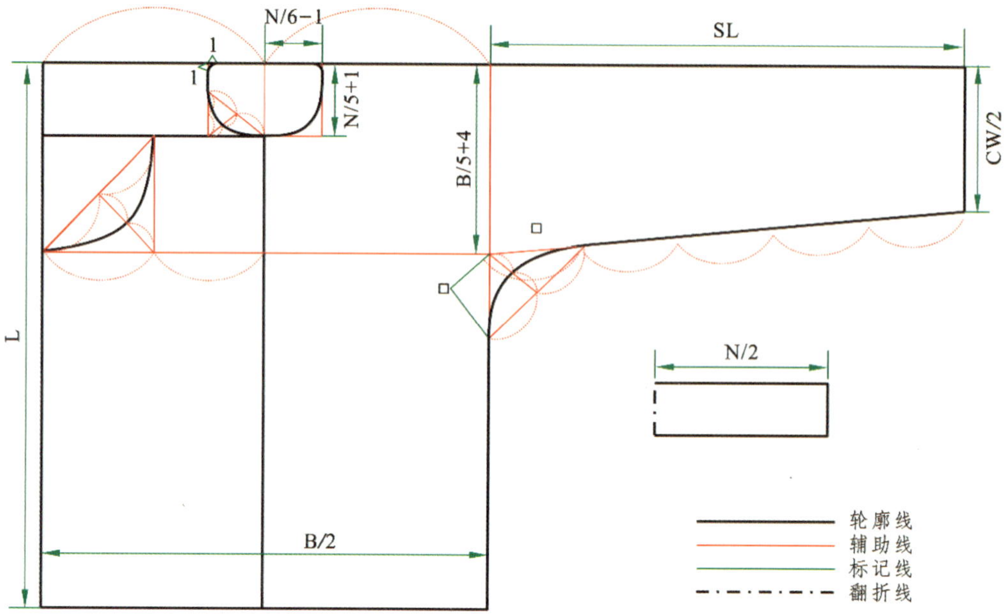

图 6-3　藏装男外套结构制图过程

四、藏装男外套加缝份与裁片

如图 6-4 所示，在藏装男外套结构制图的轮廓线上（领围线和右衽弧线除外），加放缝份，缝份一般为 1 cm，加放部位为袖口 10 cm、右衽里前门襟 7 cm，右衽里底摆 3 cm，前后片底摆贴边加放 2 cm，翻袖部分缝份加 1.2 ~ 1.4 cm。

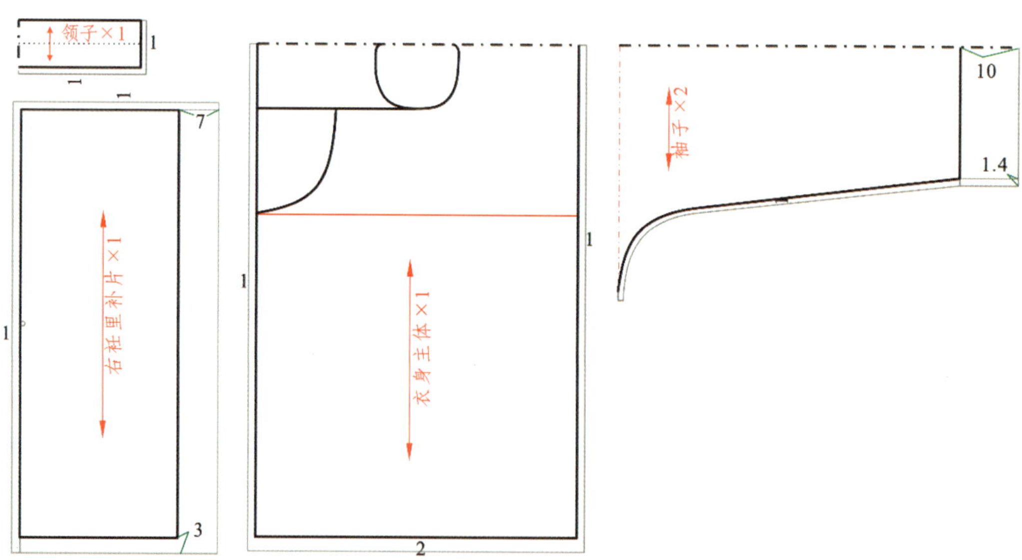

图 6-4　藏装男外套加缝份与裁片示意图

五、藏装男外套缝制工艺

① 前后片和前侧肩部的缝合。
② 袖子的缝合。
③ 领子的缝合。
④ 里布的缝合。
⑤ 里衬与外布的缝合。
⑥ 整理与熨烫。

藏装男外套缝制工艺视频　　藏装男外套结构制图视频

拓展任务

1. 采用 1∶1 作图比例按照自己或家人的尺寸绘制一个藏装男外套结构图。
2. 按照 1∶1 藏装男外套结构制图给自己或家人制作一件藏装男外套。

模块七 无袖女藏袍

知识目标

1. 学习无袖女藏袍的款式和结构原理。
2. 掌握无袖女藏袍的测量方法和控制部位。
3. 掌握无袖女藏袍的结构部位的名称。
4. 了解并识记无袖女藏袍的结构公式。

能力目标

1. 具备独立完成无袖女藏袍的结构制图的能力。
2. 具备熟练操作缝纫机的能力。
3. 具备能够独立完成无袖女藏袍的制版与成衣缝制的能力。

素质目标

1. 具备良好的职业道德。
2. 培养学生爱岗敬业的劳动工匠精神和精益求精的敬业精神。
3. 培养学生爱国爱党的思想。

课前探究

玉麦人以爱国守边为使命、以忠诚感恩为内核、以无私奉献为底色、以艰苦奋斗为追求，谱写了一首边疆群众守护神圣国土、建设幸福家园的新时代进行曲。玉麦人守护的不仅仅是一片土地，更是一种信念、一种精神；造就的不仅仅是一座座美丽家园，更是一座座受人景仰的精神高地。这一精神得到西藏人民的认同。2018 年 10 月 19 日，在习近平总书记回信一周年前夕，卓嘎、央宗姐妹被中宣部授予“时代楷模”称号，使“玉麦精神”被全国人民所熟知，在更广泛的范围内得到传播和弘扬。我们研究提炼“玉麦精神”，必须按照“玉麦精神”发展变化的辩证本性来深入揭示“玉麦精神”的内在本质，既要对“玉麦精神”的外在特征、外在的整体风貌及其价值认识进行研究，这是对“玉麦精神”研究的前提和基础；又要揭示事物的内在的“生命逻辑”，更好地认识“玉麦精神”的本质和内在特征。

思考：我们身处雪域高原，位于国之边疆，那么，如何做好一名守土固边的好公民呢？

一、无袖女藏袍款式图

如图 7-1 所示，无袖衣女藏袍身为前后两片式，中间系腰带，整体修身，领子为右衽领，适宜选用轻薄的棉、涤、丝绸等面料制作。

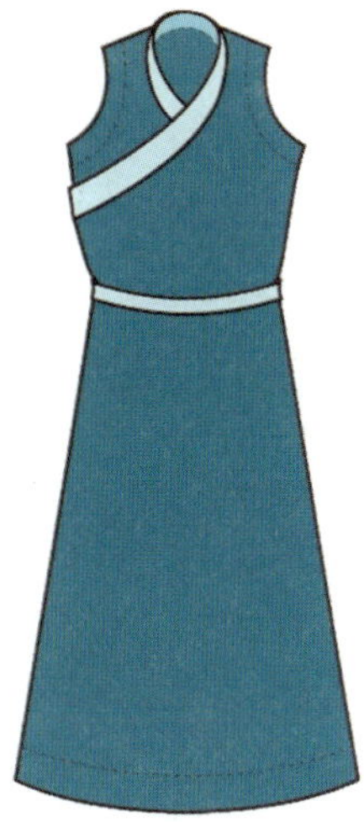

图 7-1　无袖女藏袍款式图

二、无袖女藏袍各部位名称

无袖女藏袍各部位名称如图 7-2、7-3 所示。

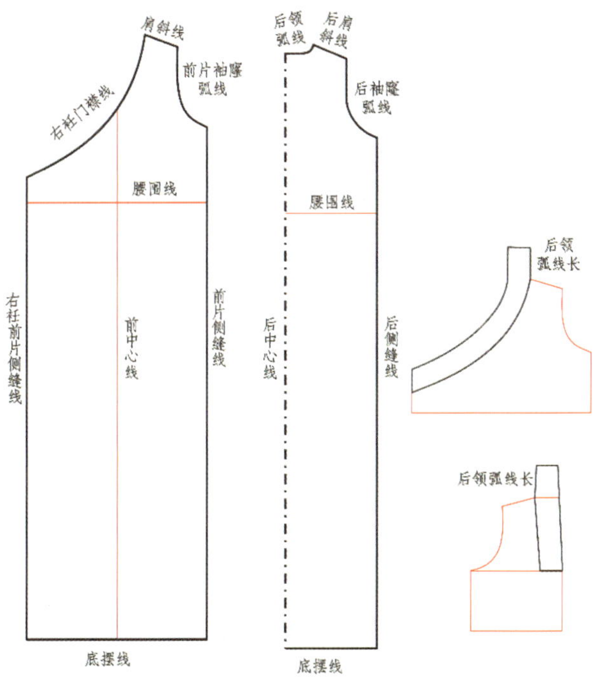

图 7-2　无袖女藏袍各部位名称（一）

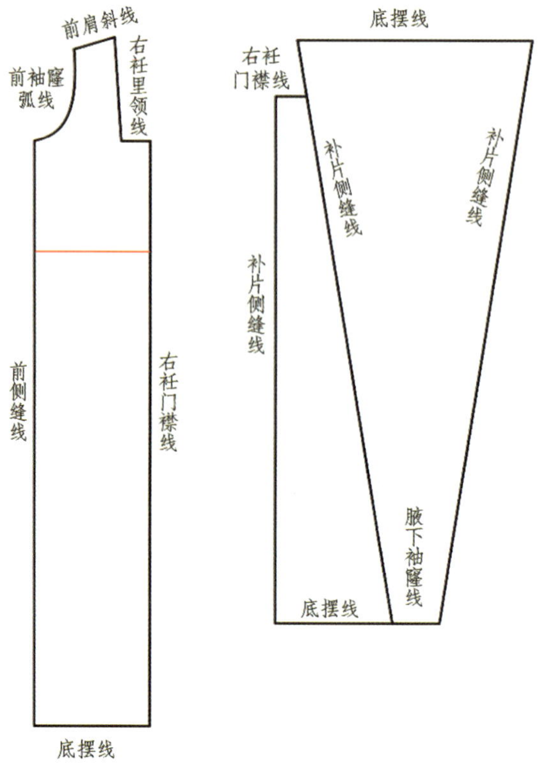

图 7-3　无袖女藏袍各部位名称（二）

三、无袖女藏袍的结构制图

（一）无袖女藏袍主要部位测量方法

① 衣长 L：从后颈点起延后中线到脚踝的长度。

② 胸围 B：胸围线水平测量一周，加放松量 20 cm 左右。

③ 肩宽 S：从左肩端点弧线量至右肩端点。

④ 领围 N：颈根部围量一周，加放 3 ~ 5 cm 左右。

（二）无袖女藏袍制图规格

表 7-1　无袖女藏袍成品规格　　单位：cm

号型	衣长 L	胸围 B	肩宽 S	领围 N
165/88A	143	110	40	45

（三）无袖女藏袍计算公式

表 7-2　无袖女藏袍各部位长宽计算公式　　单位：cm

部位	公式	数据
衣长	L	143
领宽	N/6	7.5
领深	N/5 − 0.5	8.5
肩宽	S/2 − 3	17
胸围	B/2	55

（四）无袖女藏袍结构制图

如图 7-4、7-5 所示：

① 右衽前片：以衣长 143 cm 为纵线，B/2 为横线，绘制矩形。矩形底边的线等分向上作垂线为中心线。

② 作袖窿深线：从上平线向下侧缝线顶点向下量取 B/5 + 2 cm，作水平线。

③ 领宽：在中心线和上平线交点处向右作 N/6 的点，为领宽，向下作垂线 N/5 − 0.5 cm，再垂直相交于中心线，为领深。

④ 作袖窿弧线：从中心线顶点向右量取 S/2 − 3 cm，为肩宽，向下垂直相交于袖窿深线，再从上平线向下 3 cm，连接至颈肩点，为肩斜线。肩端点向下至袖窿深线处作两等分点，两等分的点连接至侧缝线和袖窿深线相交的点上。再把这条线段进行两等分，两等分的中点连接到肩宽线和袖窿深线相交的点上。再把这条线段进行三等分，肩端点向下至袖窿深线处 1/2 点连接 1/3 点至袖窿线和侧缝线相交的点上，作袖窿弧线。

⑤ 作右衽门襟弧线：侧缝线向下作号/4，垂直相交于另一边侧缝线。袖窿线至腰围线三等分，从颈肩点连接中心线和领深线相交点，再把这条线段进行两等分，两等分点连接领深与领宽相交点。再把这条线段进行三等分。领宽领深的相交点作一条斜线相交于袖窿深线至腰围线等分的下 1/3 处。这条辅助斜线与中心线相交点向下至袖窿弧线进行两等分。连接门襟主线，从颈肩点经过下 1/3 的点，再经过中心线上 1/2 的点，再经过侧缝线上下 1/3 的点。

⑥ 右衽里：右衽前片上的上平线水平向右，袖窿深线水平向右，胸围线水平向右，底摆线水平向右，在上平线处向下作垂线找到基准线。在上平线右顶点向左 B/4，向下作垂线至底摆。前基准线在上平线从右向左作 N/6 为领宽，垂直向下相交于袖窿深线。在上平线顶点从右向左作 S/2 − 3 cm 垂直向下，相交于袖窿深线为肩宽线。在肩宽线上从上平线向下作 3 cm 为肩斜量，再连接到颈肩点，这条线为肩斜线。作肩斜线到袖窿深线作二等分，从二等分中点连接侧缝线与袖窿深线相交的点。再把这条线进行二等分，选取中点连接肩宽和袖窿深线相交的点，再把这条线进行三等分，最后连接这几个点，作袖窿弧线。

在袖窿深线和领宽相交点右侧进行三等分，选取前三分之一的点连接颈肩点，为右衽里领深线。剩下三分之二测量为 5 cm，右侧袖窿深线的点水平向右 5 cm，垂直向下至底摆。

⑦ 后片：借用右衽里的上平线、袖窿深线、腰围线、底摆线水平延长，从后片上平线上右顶点向左 B/4，向下垂直于底摆线。在上平线上从左到右 N/6，垂直向下 2.5 cm，再水平相交于后中心线。把这条线段进行二等分，在二等分中点处连接到领宽线顶点，调整后领弧线。把后中心线改为翻折线。从中心线顶点向右量取 S/2 – 3 cm，为肩宽，向下垂直相交于袖窿深线，再从上平线向下 3 cm，连接至颈肩点，为肩斜线。肩端点向下至袖窿深线处作两等分，二等分的点向上 1 cm，连接至侧缝线和袖窿深线相交的点上。再把这条线段进行二等分，两等分中点连接肩宽线和袖窿深线相交的点上。再把这条线段进行三等分，肩端点向下至袖窿深线处二等分的点如图 7-4 作袖窿深线。

⑧ 补片：借用后片袖窿深线、底摆线水平延长，从基准线右顶点向左 B/2+5 cm，垂直向下相交于底摆线，在上平线从左向右选取 5 cm，斜着向下相交于底摆线从左向右 B/4，再向右选取 10 cm，向上相交于上平线的最右点。

⑨ 领子：领子的长度为右衽门襟弧线沿着后领弧线到右衽里。在右衽颈肩点垂直向上作剩下领长，顶端向左作 6 cm 宽度，垂直向下相交于上平线。再作一条线平行于右衽门襟弧线，连接右衽门襟弧线与其平行线的底端，为领子。

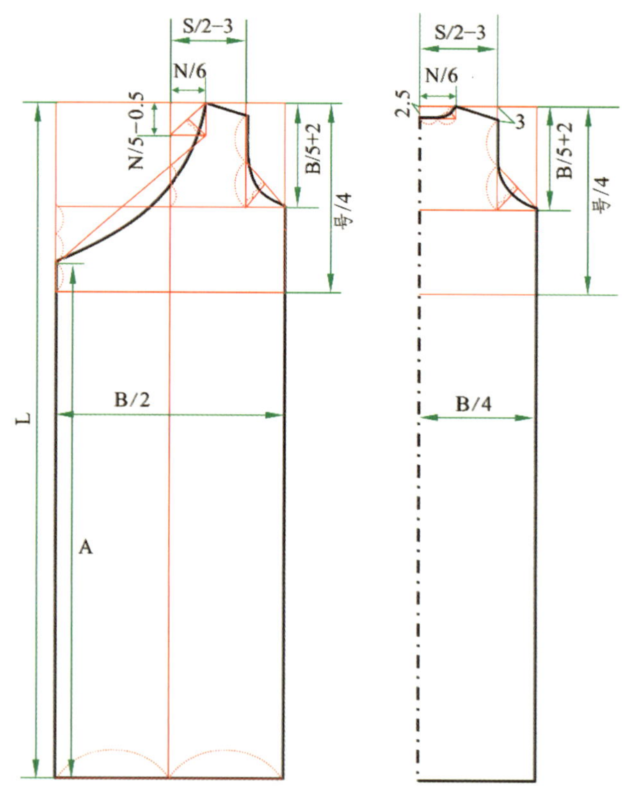

图 7-4　无袖女藏结构图（一）

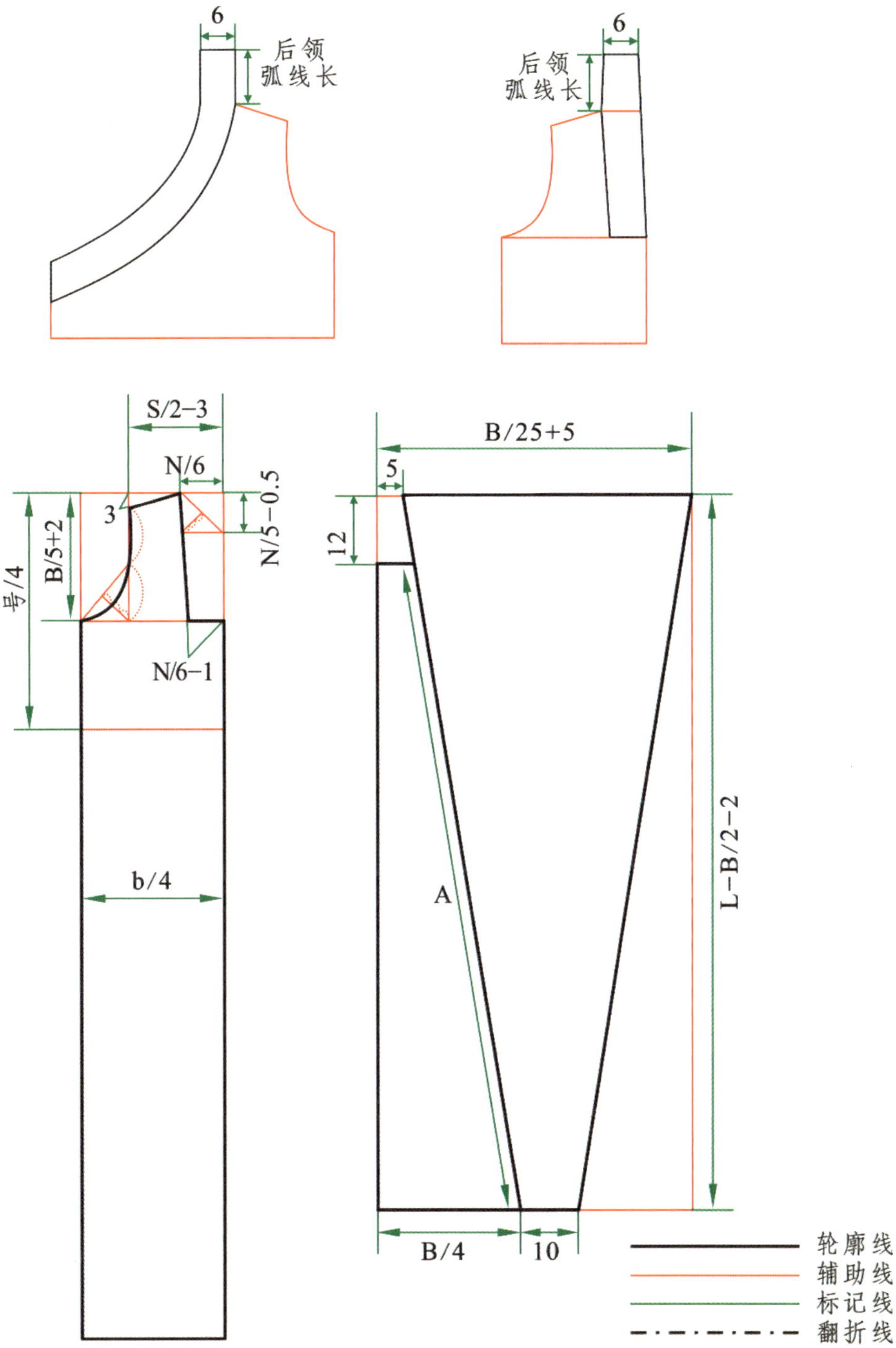

图 7-5　无袖女藏结构图（二）

四、无袖女藏袍加缝份与裁片

如图 7-6 所示，除底摆处放 5 cm，其余均放 1 cm 缝份。衣前后共三片，右衽一片，后片一片，右衽里一片，右衽补片一片，侧缝补片两片，领子一片。

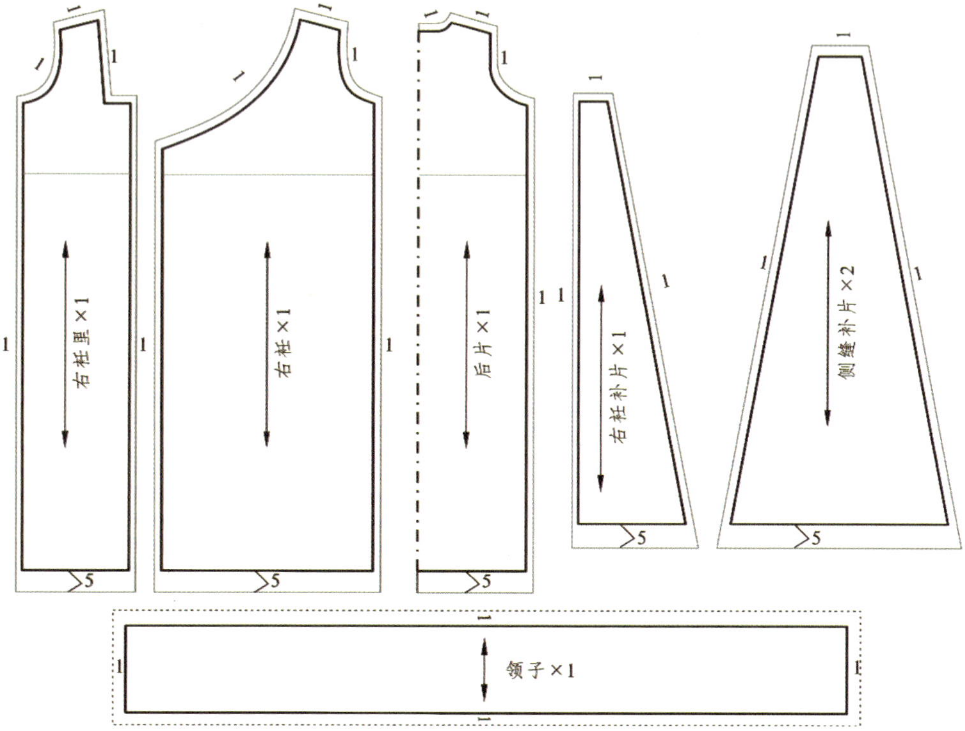

图 7-6 无袖女藏袍加缝份与裁片示意图

五、无袖女藏袍缝制工艺

① 右衽前与右衽里缝合。

② 侧缝补片的缝合

③ 领子的缝合。

④ 整理与熨烫。

无袖女藏袍缝制工艺视频

无袖女藏袍结构制图视频

拓展任务

1. 画出 170/88A 号型的无袖女藏袍。

号型	衣长 L	胸围 B	肩宽 S	领围 N
170/88A	147	114	40	45

2. 为自己或家人缝制一件无袖女藏袍成衣。

模块八 有袖女藏袍

知识目标

1. 学习有袖女藏袍的款式和结构原理。
2. 掌握有袖女藏袍的测量方法和控制部位。
3. 掌握有袖女藏袍的结构部位的名称。
4. 了解并识记有袖女藏袍的结构公式。

能力目标

1. 具备独立完成有袖女藏袍的结构制图的能力。
2. 具备熟练操作缝纫机的能力。
3. 具备能够独立完成有袖女藏袍的制版与成衣缝制的能力。

素质目标

1. 具备良好的职业道德。
2. 培养学生爱岗敬业的劳动工匠精神和精益求精的敬业精神。
3. 培养铸牢中华民族共同体意识。

课前探究

中华民族拥有悠久的历史和灿烂的文化，作为中华民族的一员，我们要有强烈的认同感和归属感，不论我们来自哪个地方、哪个民族，都要团结互助，要牢固树立“三个离不开”“四个与共”“五个认同”的思想自觉和行动自觉，共同为中华民族的繁荣和发展贡献力量。汉族离不开少数民族，少数民族离不开汉族，各少数民族之间也相互离不开，各族人民是休戚与共、荣辱与共、生死与共、命运与共的共同体，要增强对伟大祖国、中华民族、中华文化、中国共产党、中国特色社会主义的认同。

思考：铸牢中华民族共同体意识的作用是什么？

一、有袖女藏袍款式图

如图 8-1 所示，有袖女藏袍为修身款型，分为裙身、袖子、领子三部分，前后裙身共计 4 个腰省，腰部有腰带及折裥（折裥有小省），衣身为右衽，领子翻折后在胸口呈“V”字型，也叫“青稞领”。袖子为一片袖，袖口翻折。穿着时以腰带和折裥收腰，突出女性的曲线美。

图 8-1　有袖女藏袍款式图

二、有袖女藏袍各部位名称

有袖女藏袍各部位名称如图 8-2、8-3 所示。

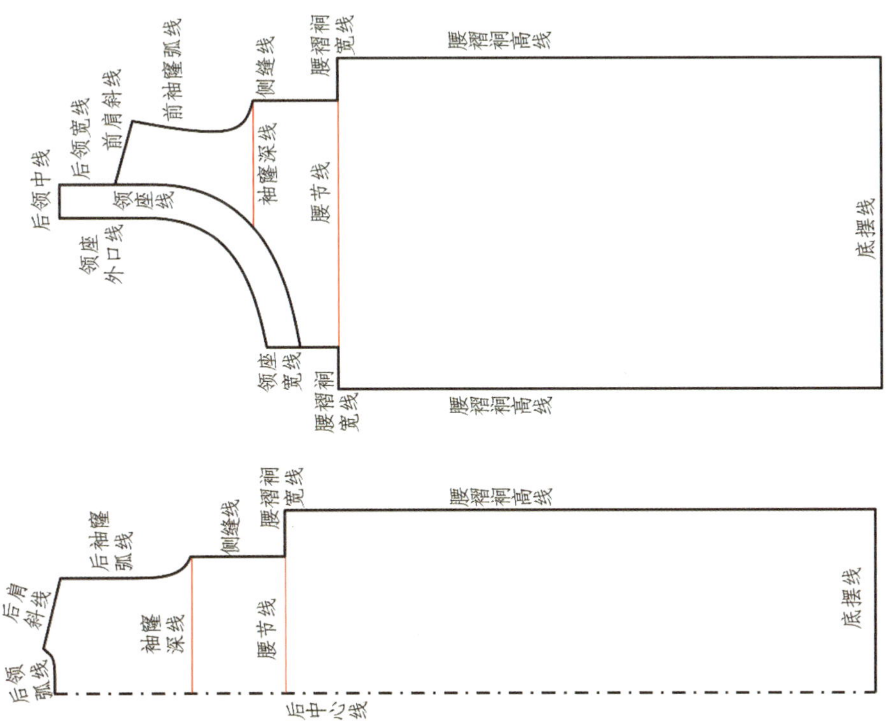

图 8-2　有袖女藏袍各部位名称（一）

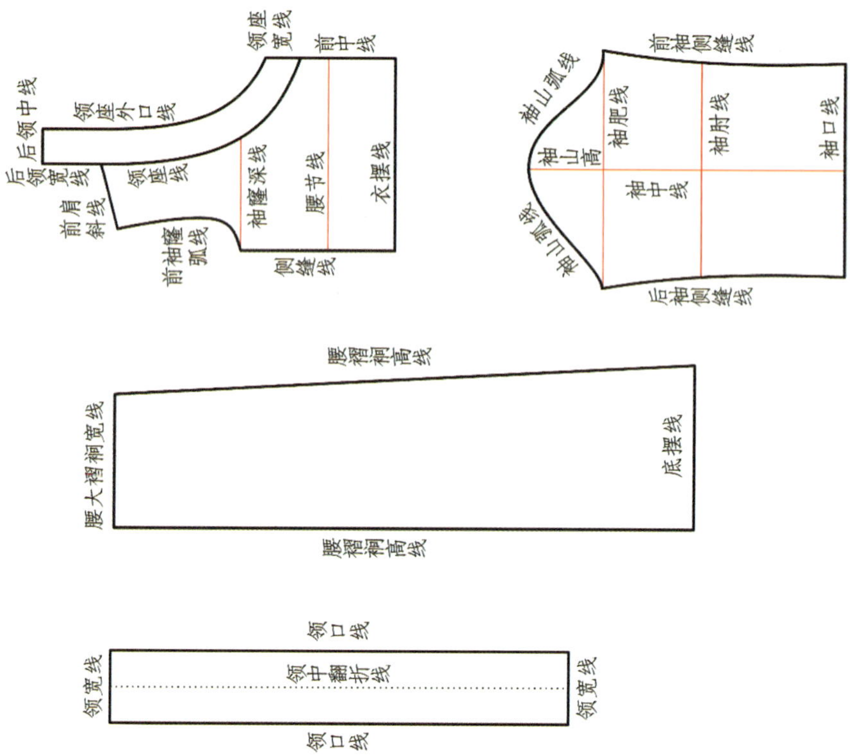

图 8-3　有袖女藏袍各部位名称（二）

三、有袖女藏袍的结构制图

（一）有袖女藏袍主要部位测量方法

① 衣长 L：从肩线中点开始，过 BP 点，过腰节线后至脚面上方。

② 胸围 B：胸围线水平测量一周，加放松量 4 cm 左右。

③ 肩宽 W：从左肩端点弧线量至右肩端点。

④ 袖长 SL：从肩点量至手腕处，加 10 cm 翻折量。

⑤ 腰围 W：净腰围加 4 cm 放松量。

⑥ 领围 N：围绕颈根围线量一周。

（二）有袖女藏袍制图规格

表 8-1　有袖女藏袍成品规格　　单位：cm

号型	衣长 L	胸围 B	肩宽 S	袖长 SL	腰围 W	领围 N
160/68A	150	90	38	55	92	42

（三）有袖女藏袍计算公式

表 8-2　有袖女藏袍各部位长宽计算公式　　单位：cm

部位	公式	数据
衣长 L	L	150
前片胸宽	B/2	45
后片胸宽	B/4	22.5
袖窿深	B/4+3	25.5
前领深	N/3+2	16
后领深	2	2
前、后领宽	N/6+0.5	7.5
肩宽	S/2	19
腰节线	袖窿深+号/10－1	37.5

（四）有袖女藏袍结构制图

1. 右衽前

① 外轮廓线：画一个宽（B/2）=45 cm、长 L=150 cm 的长方形。

② 袖窿深线：沿上平线往下 B/4+3=25.5 cm 处画一条线与上平线行线。

③ 腰节线：袖隆深线往下号/10－1=15 cm 处与上平线平行。

④ 在上平线两等分处和腰节线相连，与侧缝线平行。

⑤ 腰省：腰节线四等分处各一个省，省宽 2 cm，省长为上面至袖窿深线往下 5 cm，下面长 11 cm。

⑥ 肩斜线与袖窿弧线见结构制图 8-4、8-5。

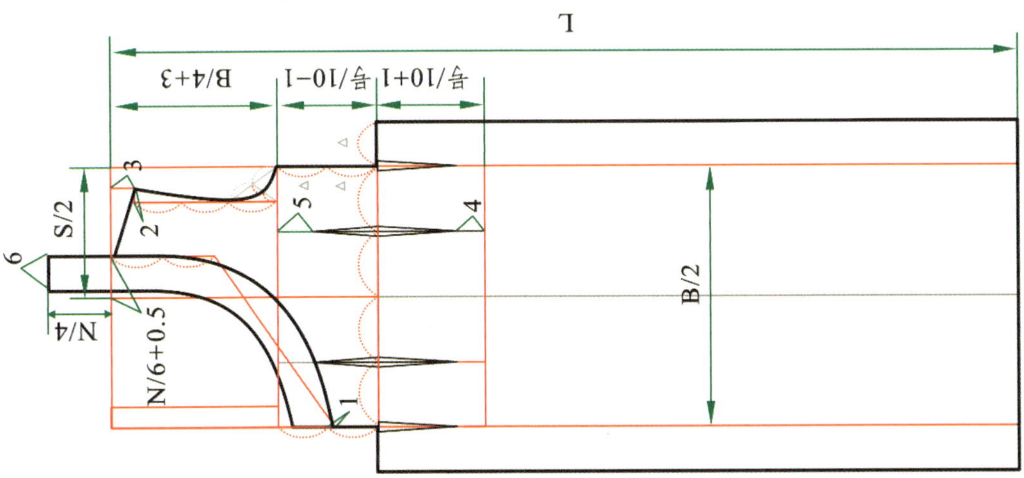

图 8-4　有袖女藏袍结构制图过程（一）

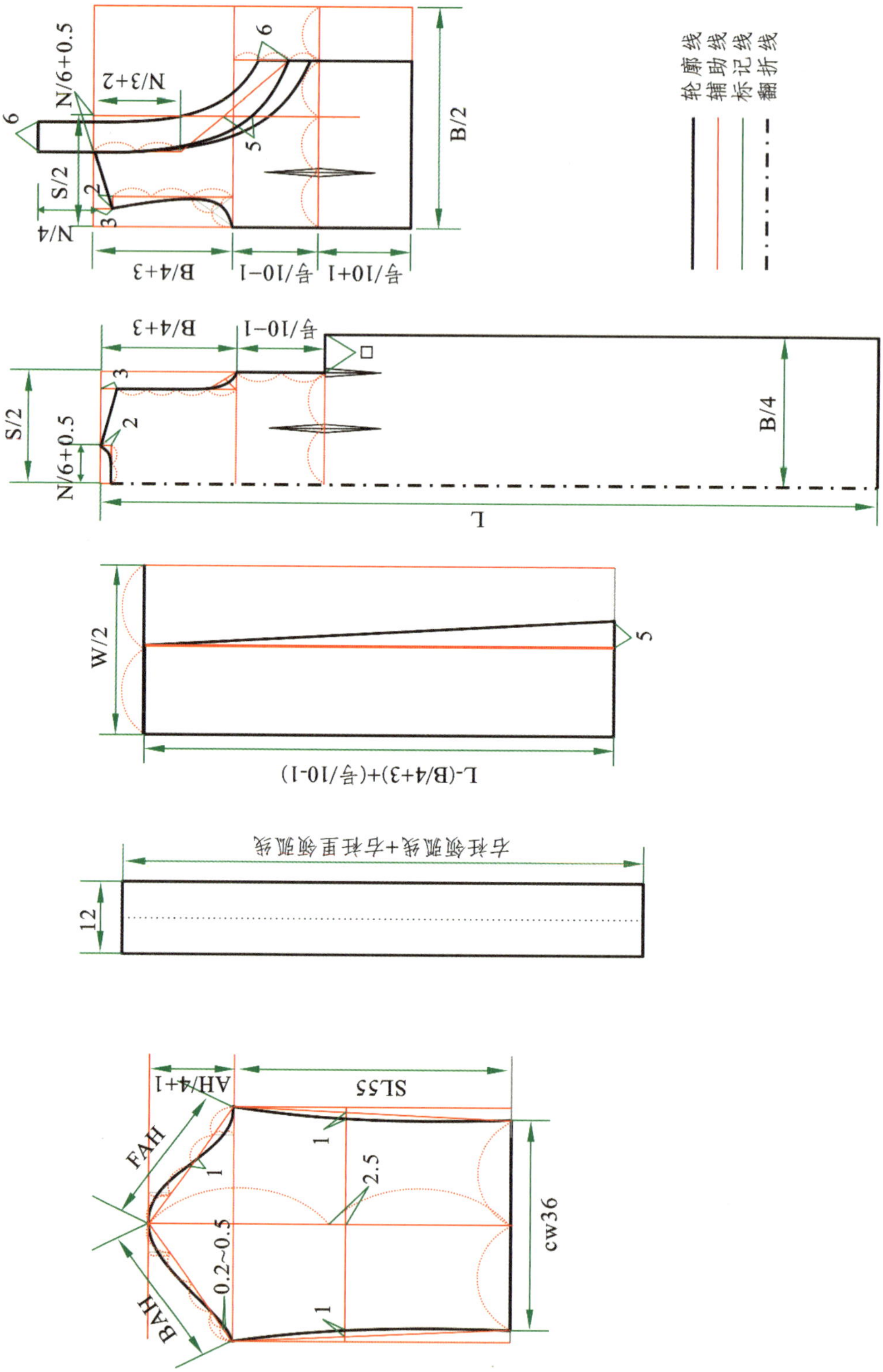

图 8-5　有袖女藏袍结构制图过程（二）

⑦ 前领见结构制图 8-3。

⑧ 腰节处两侧褶量：将袖窿深线与腰节线的距离两等分，等分量就是褶量。

2. 右衽里

① 外轮廓线：画一个宽（B/2）=45 cm、长（B/4+3）+（号/10－1）+（号/10+1）=54.5 cm 的长方形。

② 袖窿深线：沿上平线往下 B/4+3=25.5 cm 处画一条线与上平线平行。

③ 腰节线：袖隆深线往下号/10－1=15 cm 处与上平线平行。

④ 在上平线两等分处和腰节线相连，与侧缝线平行。

⑤ 腰省：腰节线四等分处各一个省，省宽 2 cm，省长为上至袖窿深线往下 5 cm，下至臂围线往上 4 cm。

⑥ 肩斜线与袖窿弧线见结构制图或视频讲解。

⑦ 前领见结构制图或视频讲解。

3. 后片

① 外轮廓线：画一个宽（B/4）=27.5 cm、长 L=150 cm 的长方形。

② 袖窿深线：沿上平线往下 B/4+3=25.5 cm 处画一条线与上平线平行。

③ 腰节线：袖窿深线往下号/10－1=15 cm 处与上平线平行。

④ 腰省：腰节线四等分处各一个省，省宽 2 cm，省长为上至袖窿深线往下 5 cm，下至臂围线往上 4 cm。

⑤ 肩斜线与袖窿弧线见结构制图或视频讲解。

⑥ 后领见结构制图或视频讲解。

⑦ 腰节处两侧褶量：将袖窿深线与腰节线的距离两等分，等分量就是褶量。

4. 袖子

① 袖子为一片袖，制图方法见结构制图或视频讲解。

② 两侧补片见结构制图或视频讲解。

③ 领子宽 12 cm 为长前片两边领弧线相加。

四、有袖女藏袍加缝份与裁片

如图 8-6 所示，在有袖女藏袍结构制图的轮廓线上，加放缝份，缝份一般为 1 cm，加放部位为袖口 10 cm、前后片底摆贴边加放 5 cm。

五、有袖女藏袍缝制工艺

① 右衽前与右衽里缝合。

② 侧缝补片的缝合

③ 领子的缝合。

④ 整理与熨烫。

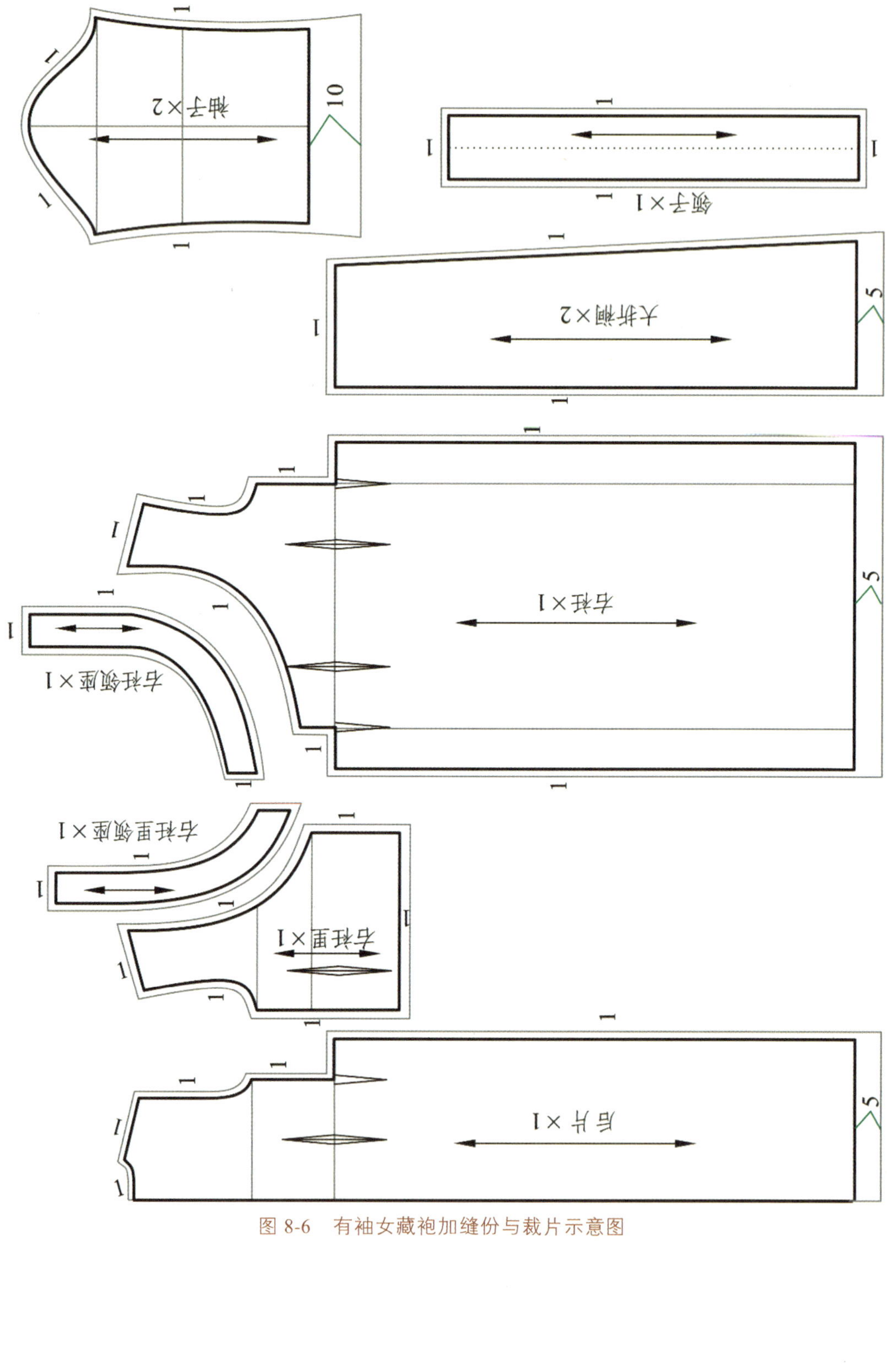

图 8-6　有袖女藏袍加缝份与裁片示意图

有袖女藏袍缝制工艺视频

有袖女藏袍结构制图视频

拓展任务

1. 采用 1∶1 作图比例按照自己或家人的尺寸绘制一个有袖女藏袍结构图。
2. 按照 1∶1 有袖女藏袍结构制图给自己或家人制作一件有袖女藏袍。

模块九 男藏袍

知识目标

1. 学习男藏袍的款式和结构原理。
2. 掌握男藏袍的测量方法和控制部位。
3. 掌握男藏袍的结构部位的名称。
4. 了解并识记男藏袍的结构公式。

能力目标

1. 具备独立完成男藏袍的结构制图的能力。
2. 具备熟练操作缝纫机的能力。
3. 具备能够独立完成男藏袍的制版与成衣缝制的能力。

素质目标

1. 具备良好的职业道德。
2. 培养学生爱岗敬业的劳动工匠精神和精益求精的敬业精神。
3. 践行社会主义核心价值观。

课前探究

党的十八大报告明确指出，“倡导富强、民主、文明、和谐，倡导自由、平等、公正、法治，倡导爱国、敬业、诚信、友善，积极培育和践行社会主义核心价值观”。而 24 字社会主义核心价值观又可分为国家、社会和公民个人三个层面，国家层面：富强、民主、文明、和谐；社会层面：自由、平等、公正、法治；公民层面：爱国、敬业、诚信、友善。践行社会主义核心价值观是团结全党全国人民共同奋斗的精神动力，是发展中国特色社会主义事业不可或缺的方面，对于人的全面发展和社会的全面进步意义重大。

思考：如何践行社会主义核心价值观？

一、男藏袍款式图

如图 9-1 所示，男藏袍款式为右衽领斜襟，宽大的腰身，落肩袖，宽松肥大的袖子加翻褶，中间系腰带，整体宽松，选用氆氇、棉、涤、丝绸等面料制作。

图 9-1　男藏袍款式图

二、男藏袍各部位名称

男藏袍各部位名称如图 9-2、9-3 所示。

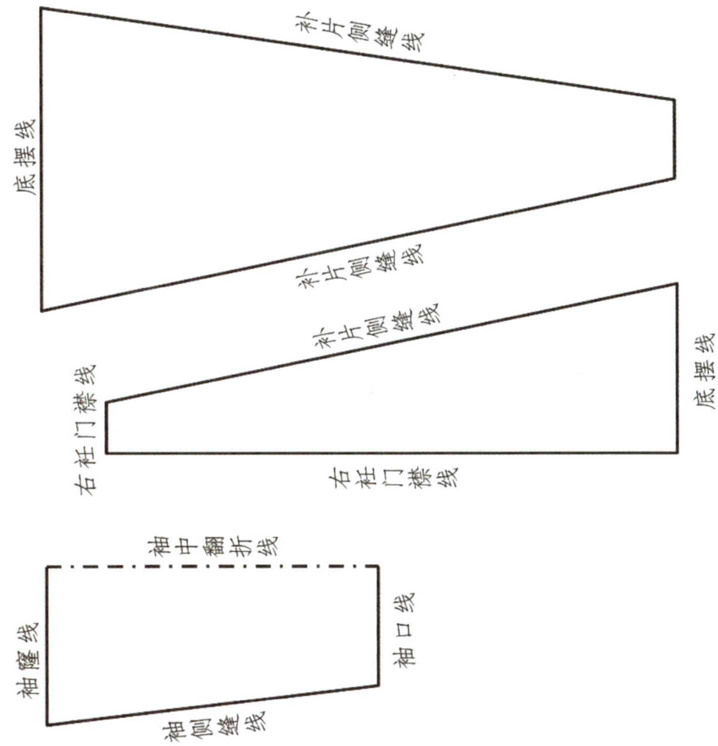

图 9-2　男藏袍各部位名称（一）

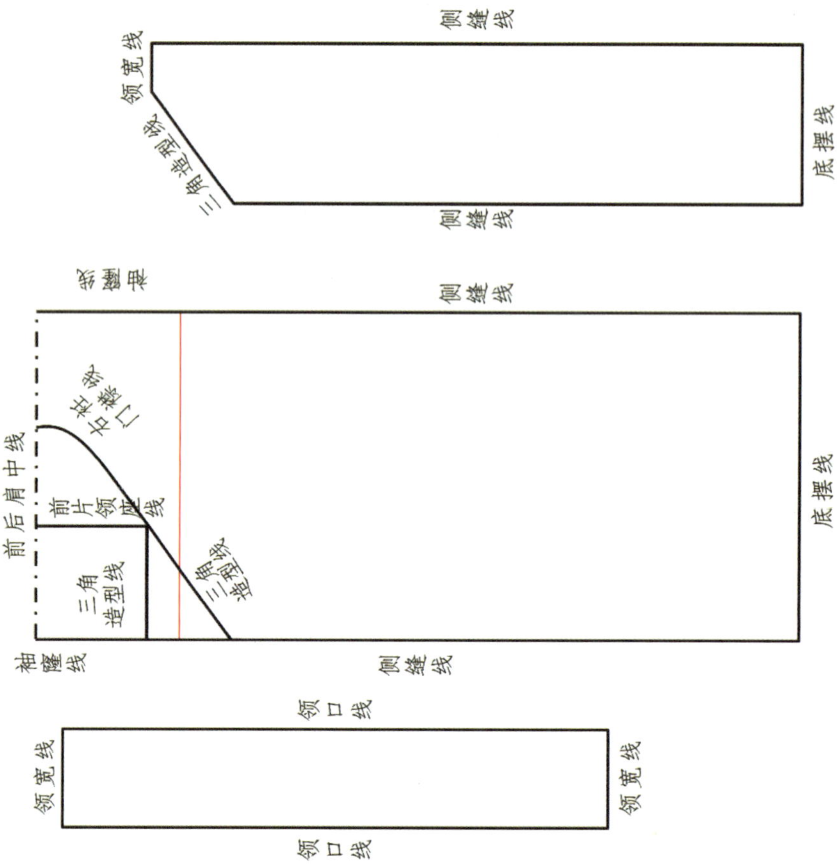

图 9-3　男藏袍各部位名称（二）

三、男藏袍的结构制图

（一）男藏袍主要部位测量方法

① 衣长 L：从颈肩点起延后中线到脚踝的长度。

② 胸围 B：胸围线水平测量一周，加放松量 20 cm 左右。

③ 肩宽 S：从左肩端点弧线量至右肩端点，加放松量 10 cm 左右。

④ 领围 N：颈根部围量一周，加放 4 cm 左右。

（二）男藏袍制图规格

表 9-1　男藏袍成品规格　　单位：cm

号型	衣长 L	胸围 B	肩宽 S	领围 N	袖长 SL	袖口 CW
170/92C	144	112	40	45	60	42

（三）男藏袍计算公式

表 9-2　男藏袍各部位长宽计算公式　　单位：cm

部位	公式	数据
衣长	L	144
领宽	N/5 − 0.5	8.5
领深	N/5 − 1	8
肩宽	S/2 − 3	17
腰围	号/4	42.5
袖宽	CW/2	21

（四）男藏袍结构制图

如图 9-4 所示：

① 衣身：宽度 B/2，长度 144 cm，底摆线进行二等分连接中心线，前片后片同时画，上平线为翻折线。

② 袖窿深线：上平线和侧缝线交接处向下 B/4，连接至左侧缝线。

③ 领宽：中心线向右作领宽 N/5 − 0.5 cm，垂直向下作领深 N/5 − 1 cm，水平作垂线相交于中心线，右领同左领画法。

④ 右衽前：先作腰围线，在上平线右顶点沿着右侧缝线向下作号/4，作垂线连接左侧缝线。把左侧腰围线与袖窿深线之间长度作三等分，右领深线作两等分。从右领深线相交于左侧腰围线与袖窿深线之间下三分之一处作辅助线。

⑤ 右衽前门襟斜线：从颈肩点经过二分之一点连接起来，连接中心线和辅助线相交的点，形成弧线，再连接左侧腰围线与袖窿深线之间的下三分之一点，作出上平下弧的门襟线。

⑥ 右衽里：从右衽里领宽垂直向下相交于右衽前的门襟斜线，相交的这个点作垂线相交于左侧缝线，又相交的这个点作垂线相交于中心线，这条线段的长度为△。

⑦ 袖子：作直线宽度 B/4，长度 60 cm 为袖长，袖长顶部为为翻折线，垂直向下作 CW/2 为袖宽，袖宽线连接腋下点。

⑧ 补丁：袖窿深线作垂线延长，底摆线作垂线延长，两条线连接作基准线，从基准线顶点向左作 B/2+7 至 8 cm，垂直向下至底摆线，把不需要辅助线去掉。从上平线左顶点作 7 cm 连接至底摆线，从左作 B/4，为右衽补片。底摆线从左作 B/4 的点，向右作 10 cm，斜向上连接至上平线右顶点。

⑨ 领子：领子与右衽门襟线是合在一起的，测量门襟线的长度、后片后领宽长度、右衽的领深部位，相加为领长 93.11 cm。领宽为△ × 2。

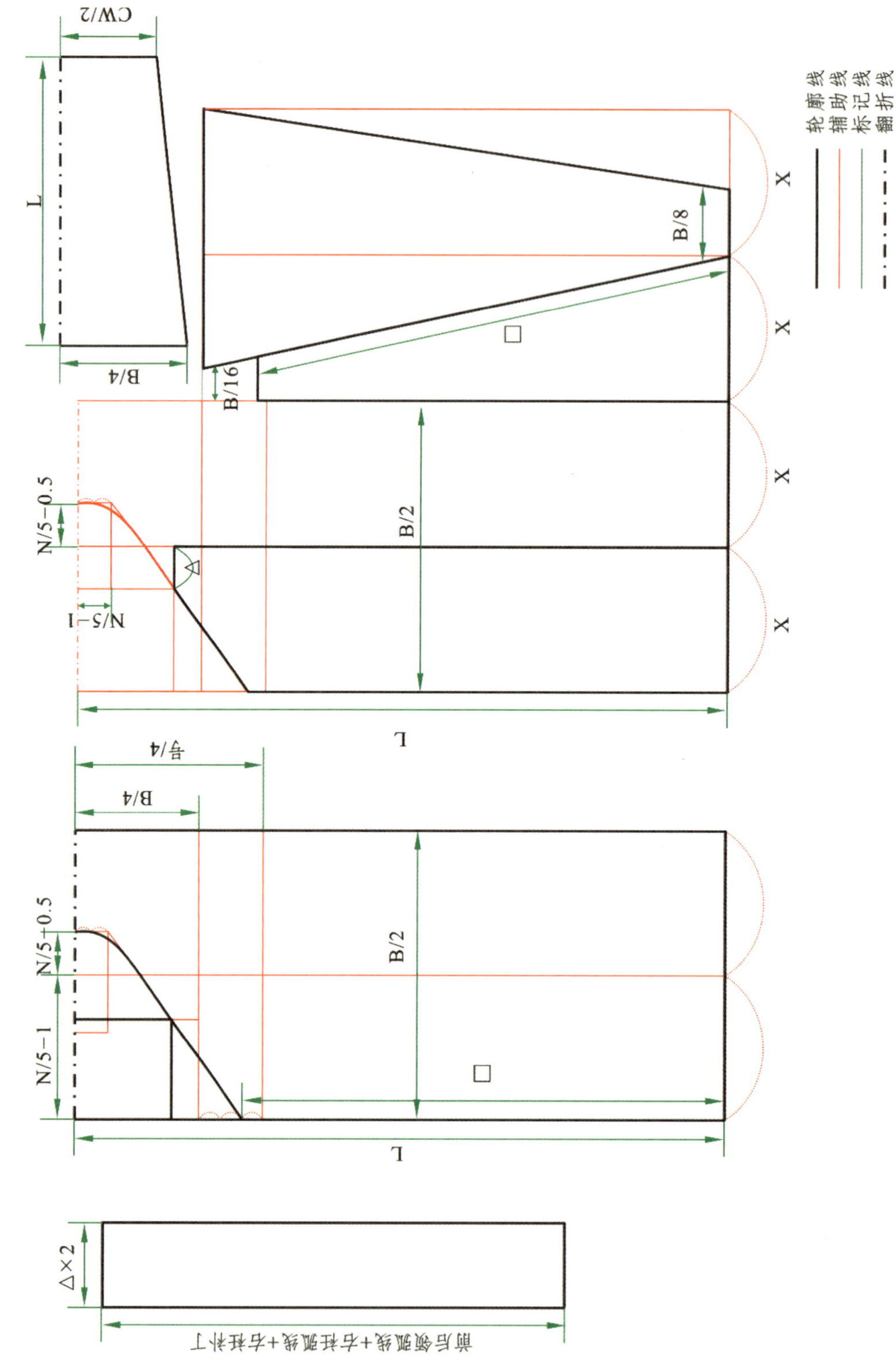

图 9-4 男藏袍结构制图过程

四、男藏袍加缝份与裁片

如图 9-5 所示，除底摆处放 5 cm，其余均放 1 cm 缝份。袖口长度可根据自身喜好调整，领子一片，衣身前后一整片，右衽里一片，三角造型一片，袖子两片，右衽补片一片，侧缝补片两片。

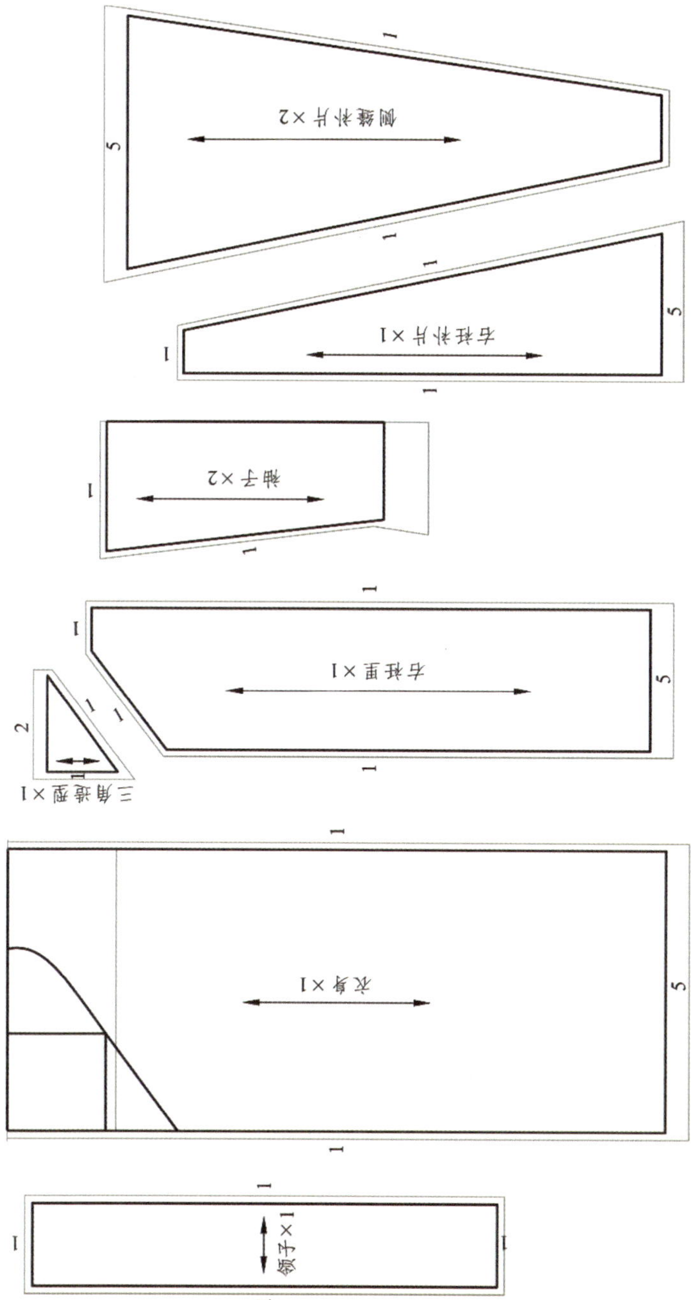

图 9-5　男藏袍加缝份与裁片示意图

五、男藏袍缝制工艺

① 右衽前与右衽里缝合。
② 侧缝补片的缝合。
③ 领子的缝合。
④ 整理与熨烫。

男藏袍缝制工艺视频

男藏袍结构制图视频

拓展任务

1. 画出 175/92A 的男藏袍结构制图。
2. 为自己或家人缝制一件男藏袍成衣。

模块十 锦缎边饰制作

知识目标

1. 了解锦缎边饰中所用到的专业术语、工具、布料名称及其含义。
2. 掌握锦缎边饰藏语中专业名词用汉语翻译过来的含义，并能熟练转换。
3. 掌握各类工具的专业名称和藏语的对照表。
4. 掌握各种布料的性能及主要用途。
5. 掌握锦缎边饰各部位的名称。

能力目标

1. 具备用藏汉语转换的思维能力和与人沟通的能力。
2. 具备敏锐的观察能力和识记能力。
3. 学会每个工序的操作方法。

素质目标

1. 具备一定的审美与艺术素养。
2. 养成精益求精的工匠精神。
3. 培养学生的社会责任感和使命感。

课前探究

作为社会主义新西藏的接班人和建设者，我们要坚决贯彻习近平总书记关于西藏工作的重要指示和新时代党的治藏方略，紧紧围绕习近平总书记为西藏确定的“稳定、发展、生态、强边”四件大事，坚决维护祖国统一和民族团结，旗帜鲜明反对分裂，坚定信念、锐意进取，团结一致、顽强拼搏，为建设团结富裕文明和谐美丽的社会主义现代化新西藏，为实现中华民族伟大复兴的中国梦不懈奋斗！

思考：谈谈新旧西藏对比？

一、锦缎边饰的定义

锦缎边饰是在藏式服装中，用在衣领、衣衽、帽子、袖口、衣摆等地方的一种装饰性布料。一般颜色鲜艳，花色丰富，加以纯色缎带滚边，其中黄色滚边最为常见，民族特色鲜明，具体样式如图 10-1 所示。

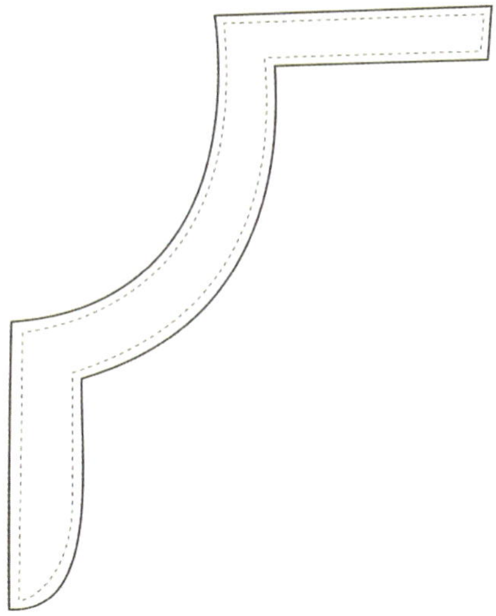

图 10-1 锦缎边饰示意图

二、锦缎边饰的制作方法

（一）准备的材料

斜纱方向的锦缎、棉布、牛皮胶、白面粉、纯色绸缎。

（二）制作方法

第一步：牛皮胶和白面粉按 1∶2 的比例进行调和，形成黏稠度合适的浆糊状。

第二步：将制作好的浆糊均匀地涂抹在锦缎上。

第三步：将棉布铺在涂满浆糊的锦缎上，均匀压实后在阴凉处风干一至两天，切记不能在太阳下暴晒，容易起皱。

第四步：以斜纱方向裁剪，避免抽丝。以领子为例，裁剪 5 cm 宽的斜纱条或按照造型需要裁剪相应的形状。

第五步：斜纱方向裁剪纯色绸缎，1.5 ~ 3 cm 宽度都可以，按款式需求裁剪。

（三）右衽领口边饰制作示范

第一步，数据测量。测量出中间弧度的长度大致为 35 cm，领口长度 17 cm，右衽侧边为 8 cm。用 5 cm 宽的锦缎布料分别裁剪出三个长度。

第二步，把 35 cm 长的布料用熨斗归拔出中间的弧度。

第三步，缝制。正面与正面相对，在连接处画一条 45°的斜线，在此线上缝制。烫分开缝。

第四步，包边。绸缎和缝制好的锦缎正正相对，在 0.2 cm 处缝制一圈。将绸缎翻到正面后，背面用浆糊固定或者在 0.2 cm 处辑明线固定。

锦缎边饰制作工艺视频

拓展任务

1. 制作锦缎边饰，并在藏装上创新运用。
2. 制作右衽领口边饰，并在藏装上创新运用。

模块十一 藏装图鉴

本模块展现不同地区的藏装，呈现出了各地区特色。

一、山南服饰鉴赏

名称：山南藏族女子服饰

特点：长袖、腰宽、大襟，冬季为长袖长袍，夏季为无袖长袍。服装边缘有彩色色带装饰，色彩鲜艳。

名称：山南藏族氆氇男袍

特点：传统藏式服装，多采用羊毛编制氆氇作为面料，腰部搭配红色腰带。

名称：山南藏族服饰

特点：注重料子悬重感、弹性和轻盈度，多以红色进行装饰。

名称：山南藏族男袍

特点：暖帽、立领、右衽。

二、其他地市服装鉴赏

名称：工布藏族女子服饰

特点：宽领、肥腰、长袖，配饰精美华丽，多以琥珀、珊瑚名贵珠宝装饰。

名称：工布藏族男子服饰

特点：宽领、肥腰、长袖，多以黑、棕色氆氇制作，银色缎子滚边，领口腰口镶有金丝图案。

名称：工布藏族女子服饰

特点：宽领、肥腰、无袖，由氆氇和皮革制作，肩宽无袖，领口、腰部、下摆镶有锦缎。

名称：工布藏族女子服饰

特点：多搭配白色或彩色衬衣，配有长裙（夏季无袖、冬季长袖），外罩长坎肩，两侧配有“古秀”。

名称：阿里女子藏袍

特点：用料一般为氆氇、羔羊皮，服装主要以绿松石、玛瑙、珊瑚等珠宝装饰，最具特色的胸前和头上用月牙形的称“甘琼”装饰。

名称：水袖女子藏袍

特点：宽领、肥腰、长袖，种类众多，一般分为色条帮典、素帮典。

名称：藏北赛马节男子藏装
特点：服装以白色、褐色为主，图案精美。

名称：康区藏族女子长袍
特点：宽领、肥腰、长袖，外观纤巧、美观、华丽。

名称：康区兽皮镶边藏袍
特点：用料一般为氆氇、羔羊皮、羊毛等，服装边缘镶有大面积兽皮。

名称：藏装女子长袍
特点：宽领、肥腰、长袖，以氆氇制作而成，是藏族人民最普遍、最常见、最有民族特色的穿着。

名称： 藏族男子舞蹈服饰
特点： 肥大、宽领、肥腰、长袖，色彩多样。

名称： 藏族女子舞蹈服饰
特点： 结构肥大、袖口宽敞，多在衣襟、下摆、袖、领处进行镶边。

名称： 白马藏族女子服饰
特点： 宽领、肥腰、长袖，多采用民族传统图案，图案装饰丰富。

名称： 白马藏族男子服饰
特点： 宽领、肥腰、长袖，服饰以白、黑、花色彩为主，简洁朴素。

名称：白马藏族女子服饰
特点：宽领、肥腰、长袖，边缘镶嵌精美的花边，造型精美。

名称：果洛藏族女子服饰
特点：一般饰有金、银、珊瑚等名贵物品，服装沉重。

名称：安多藏族男子服饰
特点：宽领、肥腰、长袖，色彩以黑色、灰色、暗红色、深绿色为主。

名称：安多藏族女子服饰
特点：宽领、肥腰、长袖，下摆拖地、无纽扣，女子边饰艳丽多彩。

名称：安多男子藏袍
特点：宽领、肥腰、长袖。

名称：嘉绒藏族女子服饰
特点：肥腰、长袖、大襟、右衽，多用氆氇、毛皮制作而成。

名称：嘉绒藏族女子服饰
特点：色彩以黑蓝色为主，下身围腰，腰扎宽大彩带。

名称：嘉绒藏族女子服饰
特点：肥腰、长袖、长裙，一般配有编发及金银饰品等名贵物品。

名称：嘉绒藏族男子服饰
特点：服饰多以氆氇、呢子、皮毛等制作，外套衣领、袖口多镶有珍贵毛皮，一般分为盛装和便装。

名称：四川阿坝县女子藏族服饰
特点：宽领、肥腰、长袖，华丽大方，配饰精美，颜色淡雅深沉。

名称：嘎日藏族男藏袍
特点：高领、大襟、长袖，通常带有配饰。

名称：嘎日女子藏装
特点：服饰风格独特、形式多样、色彩鲜明、图案精巧多样，一般为立领偏襟，门襟双镶边。

名称：海南藏族女子服饰

特点：一般为黑色，冬季为长袖，袖口、门襟装饰金色纹样。

参考文献

[1] 尚丽，张朝阳. 服装结构设计[M]. 北京：化学工业出版社，2009.
[2] 巴桑罗布. 藏式传统装饰与服饰裁剪工艺[M]. 拉萨：西藏人民出版社，2006.